괴짜 과학자와 신비한 안개상자

원자의 세계를 발견한 찰스 윌슨 이야기

엔스 죈트겐 지음

비탈리 콘스탄티노프 그림

이덕임 옮김

청어람e

Title of the original German edition: **Die Nebelspur.**
Wie Charles Wilson den Weg zu den Atomen fand
Text © Jens Soentgen
Illustration © Vitali Konstantinov
Copyright © Peter Hammer Verlag, Wuppertal 2019

우리는 물질의 세계에서 살고 있다. 의자와 탁자, 나무로 된 국자와 요리용 냄비, 그리고 스마트폰에 이르기까지. 우리에게 익히 알려진 이러한 물질 외에 이 세상에는 원자로 이루어진 세계가 있다. 거기서 무슨 일이 일어나는지 우리는 단지 추측만 할 뿐 결코 볼 수 없다. 두 세계는 완전히 분리된 것처럼 보이지만 서로 만나는 지점이 있다. 바로 안개상자이다. 한 구름 애호가에 의해 발명된 안개상자는 날아다니는 원자를 눈에 보이게 만드는 도구이다. 이 안개상자가 '과학 역사상 가장 훌륭하고 독창적인 도구'라 불린 데는 그럴 만한 이유가 있다. 바로 물질에 대한 우리의 이미지를 혁신시켰기 때문이다. 그리고 안개상자를 이용하여 새롭게 발견한 과학적인 성과로 인해 15명의 과학자가 노벨상을 받았다.

그중 첫 번째 노벨상은 1927년, 스코틀랜드 출신의 과학자에게 돌아갔다. 양치기의 아들이었던 찰스 톰슨 리스 윌슨이 안개를 관찰하는 도구를 발명함으로써 세계에서 가장 권위 넘치는 상을 받은 것이다. 그가 발명한 도구는 스코틀랜드적이라고 불리는데, 단지 순도가 높은 알코올과 잘 어울리기 때문만은 아니다. 이 방법은 원자를 관찰하는 가장 간단하고 저렴한 방법이기도 했다. 덧붙여 제일 중요한 부분은, 여기서 안개가 결정적인 역할을 한다는 것이다.

헨리크와 메를레에게 바침

목차

오, 자랑스러운 땅이여

거대한 도약보다 우리는 수많은 잔걸음을 선택하겠어.

하지만 우리의 기백은 그로부터 나오는 것

별을 향해 손을 뻗지만 결국 우리가 잡는 건 구름일 뿐

하지만 우리는 그 속에서 기쁨을 얻지

우린 꿈꾸는 것을 두려워할 수도 있어. 현실에선 패배할 게 너무 뻔하니까

하지만 우리는 꿈꾸고 웃고 노래할 거야

멍청이처럼 옷을 입고 다닐 거야.

비록 우리가 두더지 굴 위를 걸어 다닌다 해도

우리에겐 첩첩이 가로놓인 최고의 산이 있으니까

왜냐고? 우리는 사자의 심장을 지닌 오합지졸이거든.

게다가 우린 이렇게 말하지. 그래, 이것도 나쁘지 않아!

위스키에서 원자까지

얼간이 같은 옷차림:
북녘의 오합지졸들

〈오, 자랑스러운 땅이여〉 스코틀랜드와 스코틀랜드인에게 바치는, 비아냥거리는 느낌의 이 찬가는 스코틀랜드에서 가장 많이 팔리는 음료수인 아이언 브루의 광고 전문가들이 만든 것이다. 사실, 이 찬가는 2014년 영연방 경기 대회(commonwealth games)에서 스코틀랜드의 천재들을 기리기 위한 것이었다. 노랫말은 우리 이야기의 주인공인 스코틀랜드 과학자 찰스 윌슨을 겨냥한 것은 아니지만 왠지 안성맞춤으로 들린다. 윌슨은 별을 향해 손을 뻗었으나 구름 속에 파묻혀 일생을 보내야만 했다. 하지만 좌절은커녕 그는 오히려 구름을 열정과 운명의 대상으로 삼았고, 구름 연구를 통해 실험실에서 전혀 새로운 안개를 만들어내는 기술을 고안했다. 심지어 윌슨은 불그스름하게 불타오르는 저녁노을조차 감쪽같이 만들어내는 데 성공했다. 그의 동료들은 그가 실험기구에 염료를 섞은 액체를 넣은 줄 알았다.

아무리 인상적이라 해도 안개를 발생시키는 실험도구는 고작 기발한 발명품 정도의 명성을 얻는 데 그쳤을 것이다. 하지만 윌슨은 그 안에서 특별한 것을 발견했다. 그는 수년간의 안개 연구를 통해, 남들 눈에는 그저 흐릿하기만 한 안개 덩어리 속에서 미세한 차이를 구별하는 법을 익혔다. 예리한 관찰을 통해 그는 안개상자(구름상자라고도 한다_역자주) 속에서 아주 짧은 순간 동안 입자의 궤적이 보이는 것을 알아차렸다. 그것은 한순간의 깨달음이었다. 실험실의 안개상자에서 맨눈으로 가장 작은 자연의 단위를, 박테리아나 바이러스 심지어 유전자보다 작은 입자의 움직임을 볼 수 있다는 것을 말이다! 그때까지 어떤 인간도 본 적이 없으며, 윌슨 이전의 과학자들도 계산은 가능하지만 관찰은 불가능하다고 믿었던, 원자의 세계를 인식할 수 있게 된 것이다!

윌슨은 눈에 보이는 물질의 세계와 눈에 보이지 않는 원자의 세계가 서로 만나는 영역을 발견하고, 아원자 입자의 연구에 사용되는 안개상자를 발명했다. 이른바 물질의 구성 요소라고 불리는 아원자 입자의 중요성을 인정받아 그는 1927년에 노벨상을 받았다. 다른 과학자도 이 신비한 안개상자를 이용해 새로운 발견을 할 수 있었고, 수년에 걸쳐 14명의 과학자가 노벨상을 받게 되었다. 물질을 구성하는 가장 작은 요소인 원자와 아원자 입자의 세계는 그동안 이론적으로만 계산하고 접근할 수 있었으나, 윌슨 덕분에 우리 눈으로 볼 수 있게 되었다. 그가 발명한 안개상자를 통해 우리는 초미세 입자들이 어떻게 서로 반응하고 움직이는지, 또 그들이 충돌하면 어떤 현상이 일어나는지도 알 수 있게 되었다. 새로운 소립자라 불리는 초미세 물질 중 몇 가지는 윌슨이 아니었다면 발견할 수 없었을 것이다.

오늘날 물질의 내부에 대한 대부분 지식은, 가장 스코틀랜드적인 과학 발명이라 할 수 있는 안개상자와 관련된 실험에서 비롯된 것이다. 안개상자가 없었더라면 오늘날의 물리학은 상당히 달라졌을 것이다. 하지만 그건 나중에 얘기하기로 하자. 우리 이야기의 주제는 스코틀랜드와 스코틀랜드인에 관한 것이므로 일단 이 지역을 살펴

스코틀랜드
오크니섬
아우터헤브리디스
고지대
애런섬
인버네스
네스호
애버딘
포트윌리엄
벤네비스산
던디
에든버러
글래스고
저지대
북 아일랜드
잉글랜드

보는 것이 좋겠다.

잉글랜드의 북쪽에 있는 스코틀랜드는 산악 지역인 북부의 고지대와 남부의 평평한 저지대로 이루어져 있다. 스코틀랜드는 항상 독특한 지역이었다. 이곳에 최초로 정착한 이들은 씨족 집단이었던 켈트족이었다. 켈트족의 문화는 오늘날까지 이어지고 있는데, 유명한 스코틀랜드 체크 무늬에도 그들의 문화가 남아 있다. 켈트족은 씨족마다 고유한 체크 무늬를 가지고 있었고, 이는 공식적으로 기록되어 있다.

율리우스 카이사르가 정복한 잉글랜드와 달리 로마는 결코 스코틀랜드를 영원히 점령할 수 없었다. 게다가 영원히 점유하기를 원치도 않았다. 아그리콜라 장군 휘하의 로마군이 북쪽으로 행군하는 동안 태양 볕에 익숙한 로마군은 끝없는 안개와 잦은 비로 인해 지칠 대로 지쳐 있었다. 당시 스코틀랜드 최초의 유명 인사라고 할 수 있는 칼라쿠스가 이끈 스코틀랜드군이 정복자에 맞서 싸웠다. 로마의 역사학자 타키투스의 기록에 의하면, 전사들을 선동하기 위해 칼라쿠스는 자신들이 물려받은 위대한 땅을 드높여 찬양했다. “우리 땅 너머에는 아무것도 없으며, 그저 망망대해의 파도 소리와 헐벗은 바위만 있을 뿐이다!” 칼라쿠스는 또한 자신을 비롯한 스코틀랜드인이야말로 섬의 가장 깊숙한 곳 혹은 가장 외딴곳에서 자유롭게 살아가는 '영국 제도에서 가장 고결한 민족'이라 칭했다.

그러나 아그리콜라의 생각은 달랐다. 그는 칼라쿠스의 말을 반박하며 산 앞에 모여든 백성들을 한 떼의 겁쟁이 무리라 칭했다. 그리고 이들은 섬 전체를 통틀어 줄행랑에 가장 능한 부족이며, 오랫동안 살아남을 수 있었던 것도 바로 그 때문이라며 비아냥거렸다. 로마군은 결국 이 겁쟁이 무리를 찾아내서 단번에 처치해버렸다. 타키투스의 주장으로는 로마군은 이 전투에서 대승을 거두었는데, 10,000여 명의 전사자 중에 로마군은 360명에 불과했다고 한다. 물론 아그리콜라가 타키투스의 장인이었다는 사실도 염두에 둘 필요가 있다. 그나저나 아그리콜라는 음습한 스코틀랜드 풍경에 사로잡혀 그 땅을 떠나지 않으려 한 최초의 외국인이 아닐까 싶다. 로마 황제가 그를 불러 공로를 치하하며 태양 빛이 찬란하고 풍요로움이 넘치는 시리아로 보내주었지만, 그는 심드렁한 반응을 보였다고 한다.

약 30년 후, 또 다른 로마 황제인 하드리아누스가 이 습하고 으슬으슬한 지역을 시찰하기 위해 나타났다. 그는 현지의 총독으로부터 산속에서 살며 이따금 로마인들을 괴롭히는 야만스럽고 싸움에 능한 부족의 얘기를 들었다. 황제는 총독의 이야기를 듣고 한참 동안 침묵을 지키더니 제국의 국경을 더 넓히는 것이 의미가 없다는 결론을 내렸다. "이곳에서 우리가 뭘 얻겠는가. 바위와 늪지로 가득 찬,

이 가난하고 축축한 땅에선 아무것도 얻을 게 없겠어." 아마 그는 이렇게 생각했을 것이다. 황제는 오늘날 스코틀랜드와 잉글랜드의 국경이 위치한 바로 그 지점에 요새를 건설했는데, 하드리아누스 성벽이라 불리는 이곳은 아직도 그 흔적이 남아 있다. 그렇게 해서 스코틀랜드인들은 자신들만의 세계를 지킬 수 있었다. 그들은 어떤 외부 세력에게도 영향을 받거나 적응할 필요가 없었고, 전통적인 관습과 함께 게일어라는 켈트족의 언어를 보존할 수 있었다.

스코틀랜드의 국화는 엉겅퀴로, 왕실의 문장에도 그려져 있다. 엉겅퀴는 묵묵하고 질긴 식물이다. 가시로 자신을 보호하며 경작되지 않는 땅에서도 오랫동안 꿋꿋하게 자리를 지킨다. 엉겅퀴는 주로 고지대의 초원에서 볼 수 있는데, 아무튼 걷는 곳마다 발길에 차일 정도로 흔하다.

특이한 국화 말고도 스코틀랜드의 민족 동물로는 유니콘이 있다. 유니콘 역시 엉겅퀴처럼 자신을 방어하는데 능하지만, 뭐니 뭐니 해도 가장 눈에 띄는 특징은 환상 속에서 존재하는 동물이라는 점이다. 하지만 스코틀랜드인들은 그러한 사실에 전혀 개의치 않는다. 오히려 이들은 새롭게 만들어진 영국의 문장 속 사자 옆에 유니콘을 나란히 포함하는 데 성공하기까지 했다. 유니콘은 스코틀랜드인들의 몽상가적인 성향을 상징하고 있다.

엉겅퀴와 유니콘으로 상징되는 고집스러움과 몽상가적인 성향은

스코틀랜드인의 문학과 철학 그리고 자연과학에서 중요한 역할을 하고 있다.

오늘날 대부분의 스코틀랜드인은 이른바 저지대에 산다. 저지대에는 글래스고, 애버딘, 에든버러, 던디 등의 대도시가 있다. 이 도시들은 19세기의 중요한 산업 도시였고 직물과 방직, 제철과 제련으로 유명했다. 그리고 도시의 구석구석을 증기기차가 전속력으로 내

달리곤 했다.

야생의 고지대는 온화한 기후의 저지대와는 달리 거칠고 변화무쌍한 기후를 가지고 있다. 고지대는 토양이 척박하고 이탄습지가 끝없이 펼쳐져 있다. 그 사이사이에 조그만 마을과 도시가 자리를 잡고 있다. 고지대의 많은 주민이 여전히 게일어를 사용하며, 이들은 투박하지만 따뜻한 마음씨를 지니고 있다. 과거에는 가난한 양치기들이 양 떼를 기르고 증류주를 생산하던 후미진 지역으로 무시당했지만, 오늘날 스코틀랜드의 고지대는 청정지역으로 명성을 떨치고 있다. 여기에는 유명한 호수도 있는데, 우뚝 솟은 거대한 산으로 둘러싸여 길게 뻗어 있는 네스호다. 네스호 주변은 종종 첫눈이 9월부터 내리기 시작해서 4월까지 눈을 볼 수 있으며, 5월이 되어서야 새싹이 돋아난다. 이곳의 풍경은 마치 현재가 아닌 다른 시대로 이동한 것처럼 낯설다. 네스호의 깊은 곳에 지구상의 마지막 공룡인 네시가 살고 있다는 믿음이 오늘날까지 유지되는 것도 그리 놀라운 일이 아니다.

네시와 킬트(스코틀랜드 전통 의상)만큼이나 잘 알려진 스코틀랜드산 제품이 있다면 바로 위스키일 것이다. 위스키는 게일-켈트어로 '생명의 물'이라는 뜻의 우스게바하(uisge beatha)에서 유래되었다. 몇몇 역사가들은 켈트족이 이미 오래전부터 증류 기술을 알고 있었고, 적들이 쳐들어올 때마다 생명의 물을 즐겨 마신 덕분에 아그리콜라

휘하의 로마군이 그토록 쉽게 승리를 거둘 수 있었다고 주장하기도 한다. 하지만 증류 기술은 로마의 기독교 수도사들에 의해 스코틀랜드에 처음 전해졌을 가능성이 더 크다. 이 향긋한 술은 스코틀랜드 전역에 금방 퍼졌다. 그리하여 스코틀랜드의 모든 씨족이 자신들만의 체크 무늬를 가지고 있듯이 각자 고유한 위스키를 만들어 마시고 판매하기 시작했다. 위스키는 사용하는 물에 따라 맛이 달라진다. 스코틀랜드 고지대에는 수천 종류의 물이 바위 위로 흐르는데, 각기 다른 물맛을 가지고 있다. 위스키는 발아한 보리를 발효시킨 다음 증류하여 통에 넣고, 최소 2년 동안 숙성해야 완성된다. 그동안 많은 양의 위스키가 증발하지만, 스코틀랜드인들은 이것을 아까워하지 않고 오히려 천사의 몫이자 하늘에 바치는 술이라고 여긴다.

스코틀랜드인들은 오늘날 위스키를 전 세계로 수출하고 있다. 이 거친 땅의 향기로운 생명과도 같은, 스코틀랜드산 위스키를 좋아하는 사람들이 그만큼 많기 때문이다. 또한 스코틀랜드인들은 즐기기 위해서건, 불행과 불운을 잊고 자신을 달래기 위해서건, 위스키를 대량으로 소비하기로 유명하다.

스코틀랜드인들은 역사적으로 자주 불행과 불운에 직면해야만 했다. 전설적인 로마군과의 전투도 전 지역이 초토화된 채 끝이 났다. 이후에는 이웃한 잉글랜드와도 수없이 싸웠지만 운이 따르지

아프리카와 인도제국과 교역하던 스코틀랜드 회사 (1696)

않았다. 그러는 동안 잉글랜드에서는 스코틀랜드인들이 킬트를 착용하는 것조차 금지했다.

이들은 오늘날 북아메리카와 파나마의 변두리에 있는 작은 섬들을 식민지로 삼고 스코틀랜드 제국을 건설했다. 하지만 해외에 세운 스코틀랜드 식민지는 잉글랜드, 스페인, 프랑스와 같은 경쟁국의 손쉬운 먹잇감이었고, 스코틀랜드 제국은 제대로 번성하기도 전에 무너지고 말았다. 북아메리카의 가장자리에 있는 몇몇 장소의 이름과 파나마의 열대 우림에 정착했던 스코틀랜드 제국의 흔적만이 그 역사를 증언해주고 있다. 이 실패는 스코틀랜드 왕실이 잉글랜드와 병합을 결심할 정도로 스코틀랜드의 재정상태를 악화시켰다. 1707년, 잉글랜드, 스코틀랜드, 웨일스, 북아일랜드 등이 포함된 대영제국(영국)이 건설되었으나 그중에서도 가장 승승장구하던 잉글랜드가 나머지를 지배하게 되었다.

스코틀랜드인들은 자신들의 역사를, 잔인한 남쪽 이웃들의 희생양으로 수 세기 동안 고통받은 세월로 여기고 있다. 위대하고 중요한 것은 무엇이건 잉글랜드가 독차지하고, 북쪽의 스코틀랜드인들은 우스꽝스러운 옷차림을 한 산간벽지의 시골뜨기 취급을 받았다. 이들은 백파이프(스코틀랜드 전통 악기)를 연주하고, 알아들을 수도 없는 켈트족 방언을 사용하며, 치마처럼 생긴 킬트를 입고, 여름이면 여기저기서 열리는 하이랜드 경기(highland games)에 참여한다. 이 경기에서는 무거운 바위나 나무 둥치를 던지기도 한다. 어떤 이들은 건초 포대를 던지거나 목에 핏대를 세우며 줄다리기를 하기도 한다. 늘 그렇듯이 잦은 비가 들판을 적시면 경기장 여기저기에는 진흙이 튀어 오른다.

성취의 두더지굴:
스코틀랜드인의 안개에 대한 감각

스코틀랜드의 인구는 약 540만 명으로, 잉글랜드와 비교하면 겨우 10분의 1밖에 되지 않는다. 적은 인구에도 불구하고 이들의 철학과 과학에 대한 공헌은 매우 인상적이다. 스코틀랜드의 '위대한 문화적 업적'은 결코 과장된 말이 아니다. 스코틀랜드인들은 우아한 유머 감각과 효율적인 방식, 거기다 실험적이고 이론적인 상상력을 더하여 우리 인간의 본성과 자연에 대한 이미지를 만들어 왔다.

그렇다면 어째서 스코틀랜드인들은 철학과 과학 분야에서 그토록 많은 업적을 쌓을 수 있었을까? 확실한 이유는 모르겠지만 그것이 풍부한 식생 덕이 아닌 것은 분명하다. 왜냐하면 스코틀랜드처럼 비가 잦고 햇빛이 귀한 고지대에서는 키가 큰 식물들이 자라지 못하고, 오직 다양한 종류의 이끼와 지의류 그리고 곰팡이류(스코틀랜드 과학자 알렉산더 플레밍은 곰팡이류에서 페니실린을 추출해냈다)만이 무성하게 자랄 뿐이기 때문이다. 초목은 극소수로 한정되어 있다. 나무가 전혀 없거나 관목조차 볼 수 없는 지역도 많으며, 작은 식물들이 매서운 바람에 채찍질 당하고 있는 땅이 여기저기 널려 있다. 양떼들만 눈에 들어오는 이곳에서는 다른 동물을 거의 볼 수 없는데, 네스호에 출몰한다는 괴물 네시 정도가 예외에 속할 것이다. 스코틀랜드인들은 낮에는 거의 해를 보지 못하고 밤에도 달과 별을 자주 보지 못하기 때문에 천문학에서 재능을 발휘하기가 어렵다. 대신 스코틀랜드인들이 주로 보는 것은 잔뜩 흐린 하늘과 여기저기 바람이 몰고 다니는 구름과 안개이다. 그러다 보니 스코틀랜드인들의 가장 중요한 과학적 업적도 바로 여기서 비롯된다.

안개를 어떻게 보는가에 따라 우리는 스코틀랜드의 과학자를 두 그룹으로 나눌 수 있다.

우선 안개를 연구하는 부류 중에 스코틀랜드 계몽주의자라고 불리는 이들이 있는데, 데이비드 흄이나 경제학의 창시자인 애덤 스미스와 같은 유명한 사상가들이 여기에 포함된다. 이들은 인간의 이성을 뒤덮은 구름과 안개를 몰아내고 태양 빛을 내리쬐고자 했다. 이들은 주로 18세기에 활동하면서 연구자와 사상가로서 스코틀랜드인들의 명성을 확립했다. 흄은 철학의 개혁을 요구하면서, 관념적인 사고와 길고 모호한 결론을 멀리할 것을 주장했다. 그는 우리가 생각하고 마음에 둔 모든 것은 관찰에 기반을 두고 있으며, 궁극적으로는 감각적 인상에 기초한다고 주장했다. 흄은 이러한 생각으로 영어권 세계를 넘어서 오늘날까지도 영향력을 미치고 있는 철학적인 흐름을 완성했다.

독일의 철학자인 임마누엘 칸트는 계몽주의자이자 근대 철학의 창시자였는데, 흄의 저작을 통해서 자신의 '독단적인 사고'로부터 깨어났다. 그런데 흄의 중요성은 철학 분야를 훌쩍 넘어선다. 흄의 책을 한 줄도 읽어본 적이 없지만, 많은 현대인이 그의 가르침을 따르고 있다. 예를 들어 독일의 건강보험은 경험적 연구, 즉 관찰로 그 결과가 입증된 경우에만 치료를 보상하므로 흄의 철학을 근거로 삼는다고 말할 수 있다.

흄의 절친이기도 했던 애덤 스미스는 1776년에 『국부론』이라는 책을 썼다. 스미스는 글래스고 대학의 도덕철학과 명예교수였다. 그의

스코틀랜드 출신 (과)학자들

데이비드 흄
(1711~1776)

제임스 와트
(1736~1819)

애덤 스미스
(1723~1790)

알렉산더 플레밍
(1881~1955)

존 아이켄(1839~1919)

책은 종종 근시안적인 모습을 보이지만 자유시장경제를 훌륭하게 옹호하고 있으며, 칸트가 현대 철학에 미친 것과 비슷한 정도의 영향력을 현대 경제학에 발휘하고 있다. 『국부론』은 그 시대에 경제라는 모호한 개념을 견고한 토대 위에 올려놓았다. 한편 스미스의 친구 중에는 위대한 발명가이자 기술자인 제임스 와트가 있는데, 역시 스코틀랜드인이었다. 와트는 증기기관을 발명해서 증기의 열에너지를 필요한 작업에 유용하게 이용하는 데 성공했다. 와트의 발명으로 비로소 산업혁명 시대가 열리게 되었다. 기관차나 광석분쇄기와 같은 기계를 움직이는 데 필요한 동력을, 석탄이나 석유 그리고 천연가스와 같은 화석 연료에서 얻을 수 있게 된 것이다. 과거에는 인간이나 동물 혹은 바람과 물을 이용해 기계를 움직였지만, 와트의 발명으로 모든 게 달라졌다. 세상을 움직이는 에너지의 흐름을 측정하는 단위를 우리는 그의 이름을 따서 와트(w)라고 지었다. 증기기관은 또한 물리학의 가장 핵심적 이론 중 하나인 열역학의 발전에 중요한 역할을 했다. 이는 간단히 말해 어떤 종류의 증기기관을 만들 수 있고, 만들 수 없는지에 대한 문제를 다루는 이론이다.

스코틀랜드 계몽주의는 아주 많은 것을 품고 있었고, 새로운 아이디어와 발명으로 세상을 변화시킬 수 있었다. 하지만 그에 대한 저항의 움직임도 머지않아 등장했다. 계몽주의는 스코틀랜드뿐 아니라 유럽 전역에서 낭만주의로 대체되었다. 계몽주의자들이 세상을 환하게 밝히기 위해 구름을 몰아내고자 했다면, 반대로 낭만주의자들은 일부러 안개와 구름 그리고 황혼을 가까이하고자 했다. 낭만주의자들은 안개와 구름이 짙은 장소를 그 어느 곳보다 아끼고 찾아다녔다. 특히 시와 소설은 이처럼 손에 잡히지 않는 것들에 대해 깊이 들여다보았으며 한껏 그 분위기에 취했다. 스코틀랜드 출신의 시인 제임스 맥퍼슨은 안개에 관한 이야기로 유명한 음유시인 오시안을 창조했다. 오시안이 등장하는 서사시는 엄청난 인기를 얻었고, 그 덕분에 안개에 대한 스코틀랜드의 열정이 유럽 전역으로 널리 알려졌다. 요한 볼프강 괴테도 자신의 저서 『색채론』의 중심에 '불투명한 것'을 놓을 정도로 안개에 매혹되어 있었다. 괴테가 자신이 오래전부터 안개와 구름으로 눈을 돌렸다는 것을 굳이 스코틀랜드 과학자에게 알려 줄 필요도 없었다.

이제 안개를 모른 척하지 않고 거기에 푹 빠져서 연구에 매진한 스코틀랜드 과학자들과 마주할 시간이다. 이슬은 물의 가장 고요하고 시적인 형태라 할 수 있다. 이슬을 연구하기 위해 몇 달 동안 차가운 밤을 지새운 스코틀랜드 과학자 윌리엄 찰스 웰스도 안개에 푹 빠졌던 사람 중 하나다. 웰스와 같은 시대를 사는 사람들은 대부분 이슬을 '성수'라고 믿었다. 하지만 웰스가 지적한 것처럼 이슬은 공기 중의 수증기로부터 형성된다. 특히 구름 한 점 없는 맑은 날에 탁 트인 공간에서 이슬이 더 많이 맺힌다. 왜냐하면 다른 장소보다 야간에 지표면의 냉각 현상이 강해지기 때문이다. 이와 같은 원리는 캠핑을 통해 쉽게 확인할 수 있다. 들판 한가운데서 텐트를 치고 잔 사람은, 숲 가장자리에서 밤을 보내는 사람보다 이슬에 더 흠뻑 젖는다.

이슬 연구가인 웰스는 간단하면서도 너무나 스코틀랜드적인 방식으로 이러한 답을 찾아냈다. 정밀하게 무게를 측정한 양털 뭉치를 각각 다른 장소에 놓아두고 밤사이에 생긴 이슬의 양을 정확하게 측정한 것이다. 그는 자신의 연구 결과를 『이슬에 대한 에세이』라는 아름다운 제목의 책으로 발표했다. 웰스는 책에서 오랜 밤 연구의 후유증으로 감기에 걸렸고, 그 탓에 의도한 것만큼 포괄적인 연구를 해내지 못했다고 독자들에게 사과했다. 그의 연구는 합리적이면서도 신중하게 관찰하여 결론을 내린, 경험적 연구의 가장 대표적인 예로 받아들여지고 있다.

그리고 웰스는 뜻밖에도 찰스 다윈보다 50년이나 앞서 자연선택의 원리를 처음으로 주장했다. 그는 피부가 흰 사람이 피부가 검은 사람보다 열대병에 민감한 이유를 자연선택으로 설명했다.

구름과 안개에 관련하여 많은 사람이 루크 하워드를 떠올리는데,

루크 하워드
(1772~1864)

그는 오늘날에도 여전히 유효한 구름의 분류법을 최초로 발명한 사람이다. 하워드는 스코틀랜드인이 아니라 잉글랜드인이었다. 하지만 스코틀랜드인인 알렉산더 틸로치가 루크의 논문을 읽고, 오늘날까지 현존하는 가장 오래된 과학 잡지인 《왕립사회회보》에 발표하지 않았더라면, 루크의 구름 분류법은 세상에 절대로 알려지지 않았을 것이다.

또 다른 스코틀랜드 과학자는 존 아이켄이다. 그는 처음에는 도시의 스모그를 연구했지만, 19세기에 가장 유명한 안개와 구름 연구자가 되었다. 아이켄은 대학이 아니라 스코틀랜드 저지대의 폴커크라는 작은 마을에 있는 자신의 연구소에서 연구했다. 그는 공기 중의 수증기가 응축되기 위해서는 작은 입자가 필요하다는 것을 증명했다. 이 사실을 그는 먼지 입자 측정장치를 사용하여 보여주었는

구름의 종류

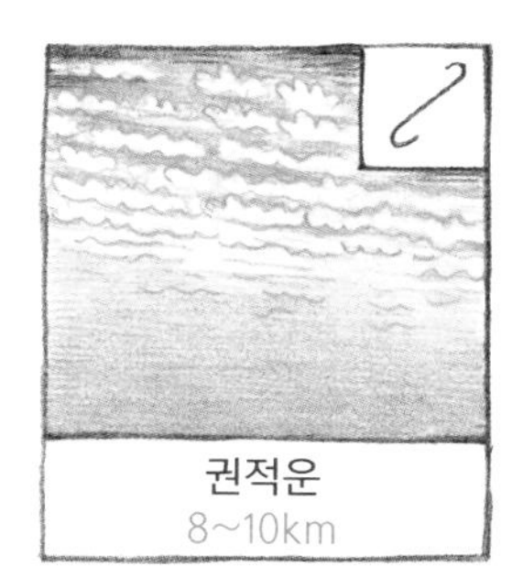
권적운
8~10km

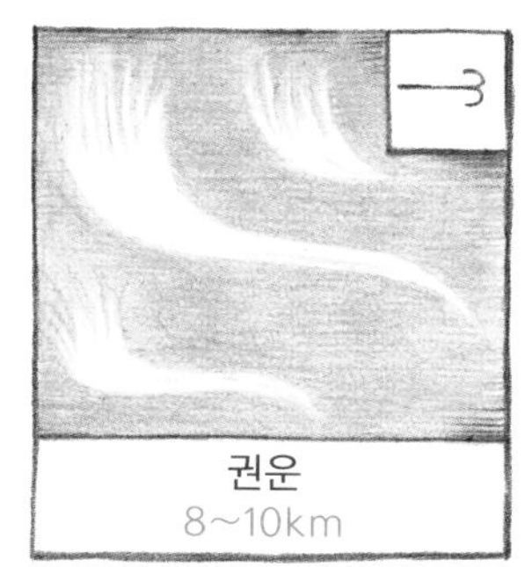
권운
8~10km

권층운
8~10km

고적운
4~6km

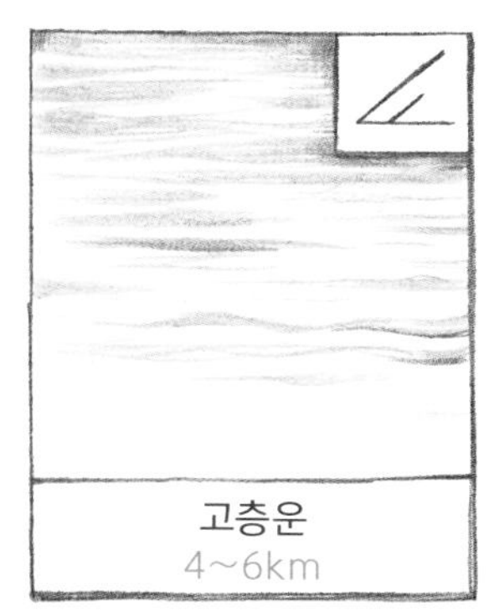
고층운
4~6km

층적운
1~3km

적운
1~3km

적란운
0.5~10km

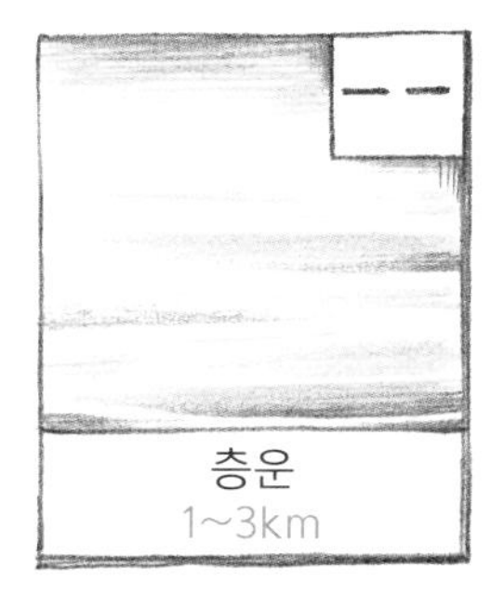
층운
1~3km

데, 그 기본 아이디어는 오늘날에도 현대적인 먼지 입자 측정장치를 만드는 데 유용하게 사용된다. 아이켄은 알코올을 섞은 액체에 먼지 입자를 넣고 팽창시켰다. 그렇게 만들어진 방울에서 빛이 반사되는 것을 통해 먼지 입자의 개수를 추정할 수 있는데, 먼지 입자가 많을수록 빛이 더 많이 반사된다.

그는 먼지가 없으면 안개도 없다고 결론지었다. 그 반대도 마찬가지다. 공기 중에 먼지가 많을수록 안개는 쉽게 형성되는데, 도시에서 특히 눈에 띈다. 아이켄은 악명 높은 스모그의 원인을 가장 먼저 거론한 사람 중 하나였으며, 이를 해결하기 위한 대책을 제안하기도 했다. 그는 스모그가 무엇보다도 석탄을 태우면서 발생한다는 것을 보여주었다. 석탄을 태우면서 발생하는 연기에는 그을음과 아황산가스가 포함되어 있다. 이 두 가지는 물을 끌어당기는 성질 때문에 안개와 만나면 그대로 섞여버린다. 따라서 아이켄이 설명했듯이, 스모그는 종종 갈색이나 노란색 어떤 경우에는 보라색과 같이 괴이한 색을 띠기도 한다. 대체로 스모그는 오후가 되어야만 걷힌다.

아이켄은 스모그에 관한 연구로 환경 연구의 선구자가 되었다. 그런데 안개에 대한 그의 관심은 단지 환경 문제에만 머무르지 않고 더욱 포괄적이었다. 아이켄은 안개를 예술적으로 바라볼 수 있었다. 안개에 대한 그의 과학적 발견은 세상의 신비를 벗기는 것이 아니라 오히려 마술적 감수성을 더욱 불러일으켰다. 그는 석양의 멋진 색깔은 공기 중의 미세한 입자 때문이라는 것을 설명하였고, 안개야말로 이 세상을 다채롭고 아름답게 만드는 것이라고 찬양하였다.

마지막으로 안개에 대한 그의 열정은 형이상학적 관심으로까지 나아갔다. 안개를 연구할수록 그 중요성과 의미가 기상학의 경계를 넘어선다는 것을 깨달았기 때문이다. 그는 여기서 계몽주의의 한계를 보았다. 계몽주의가 원하는 것처럼 빛이 아무런 방해를 받지 않고 모든 것에 침투하게 되면, 그것이 재앙으로 이어질 수 있다는 사실을 파악한 것이다. 그렇게 되면 지구도 마치 우리가 보는 달처럼 될 수 있다. 모든 것이 회색이고 사악하게 빛나는 태양만이 지구를 뜨겁게 달구는 것이다. 스코틀랜드의 낭만주의자들은 계몽주의의 전반적인 투명성이 결국은 깊고 검은 밤으로 이어질 수 있다는 것을 경고하고 있는데, 그 모습은 지나치게 밝은 빛에 노출된 모습이라기보다는 오히려 까맣게 타버린 모습에 가깝다고 할 수 있다. 이 무자비한 빛이 미치는 곳은 어디든 영원한 냉기가 깃들게 된다. 다행히도 지구에 닿는 태양 빛은 좀 더 부드럽고 따스한데, 이는 흐린 대기가 태양 빛을 분산시키기 때문이다.

공기 중에는 빛을 잘 받지 못하고 그늘지고 후미진 틈새에 사는 것 같은 작은 물방울과 먼지들도 있다. 이 같은 초미세 먼지 입자들은 하늘에서 비가 한꺼번에 주르륵 쏟아지지 않고, 한 방울씩 떨어지도록 하는 데 큰 역할을 한다.

안개의 친구였던 아이켄은, 1883년에 인도네시아 크라카타우 화산의 폭발로 인해 엄청난 양의 먼지가 대기 중으로 분출되면서 일어난 역사적인 현상까지 관찰하고 연구하였다. 화산이 폭발한 뒤로 일몰 때의 하늘은 이전과는 달리 짙은 붉은빛을 띠고 있었다. 아이켄은 이러한 현상을 설명하기 위해 출범한 과학 위원회의 일원으로서, 이 현상을 최초로 화산에서 분출된 먼지와 연관시킨 장본인이었다. 그는 이때의 경험을 유쾌하고 시적인 방식으로 물리적인 성찰과 결합하여, 《특이한 일몰》이라는 길고 아름다운 논문을 발표했다.

아이켄도 유명하지만, 스코틀랜드 안개 연구에서 왕좌를 차지하는 이는 찰스 톰슨 리스 윌슨(Charles Thomson Rees Wilson)이다. 그의 이름을 영어권에서는 종종 CTR로 줄여서 부르지만, 여기서는 윌슨이라 부르겠다. 윌슨이라는 이름은 스코틀랜드에서 가장 흔한 이름 중 하나다. 그는 일찌감치 안개와 구름 연구를 더 잘하는 방법을 찾는 데 골몰했다. 그러다 안개로 가득 찬 유리병에서 원자의 세계와 우리가 사는 물질의 세계가 만나는 지점을 발견했다. 그는 단순히 원자의 구조나 법칙뿐만 아니라, 원자의 세계에서 실제로 일어나는 개별적인 사건을 볼 수 있었다. 원자 조각이 날아다닌 모습이나 원자핵의 폭발 그리고 개별 입자의 충돌 등을 관찰한 것이다. 윌

찰스 톰슨 리스 윌슨(1869~1959)

슨 덕분에 과학자들은 이전까지는 간접적으로만 관찰할 수 있었던 대기 중의 미세한 사건들을 눈으로 보게 되었다.

여러분은 이 책에 뒷부분에 실린 실험을 통해 원자의 세계를 들여다볼 수 있다. 실험에 나오는 안개상자는 윌슨의 안개상자보다 훨씬 더 스코틀랜드적인 모습을 가지고 있다. 더 싸고 더 빨리 만들어졌을 뿐 아니라 위스키와 함께 작동되기 때문이다. 그야말로 진정한 스코틀랜드적인 안개상자가 아니겠는가! 위스키 속에는 고지대의 정서는 물론이고, 매캐한 변방의 냄새와 짠맛이 느껴지기 때문이다. 게다가 이 위스키를 품은 대기 속에서 우주의 입자들이 응축하는 흔적까지 목격할 수 있다! 마치 안개와 구름의 자취처럼…

별을 향해 손을 뻗지만 결국 우리가 잡는 건 구름일 뿐:
벤네비스산 위의 윌슨

다시 윌슨으로 돌아가 보자. 앞에서도 말했듯이 원자를 찾아가는 그의 여정은 너무나 스코틀랜드적이다. 그는 지독히도 고집스럽고 독창적인 상상력으로 가득 차 있으며, 안개와 구름에 바탕을 두고 있다. 게다가 경제 관념도 쩨쩨한데, 인색하다기보다는 최소한의 것으로 최대한 많은 것을 얻으려는 검소함과 그 맥락이 닿아 있다. 이는 설탕과 밀가루 버터로 만들어졌지만, 벨기에의 프랄린(praline, 설탕에 견과류를 넣고 졸여 만든 것_역자주)보다 더 향긋한 스코틀랜드 비스킷과도 일맥상통한다.

윌슨은 1869년에 스코틀랜드의 에든버러 근처의 한 농가에서 태어났다. 그의 아버지는 고지대에서 가장 오래된 직업이라 할 수 있는 양치기 농부였다. 윌슨은 때때로 새로운 양치기 방식에 대한 글을 기고하기도 한 진취적이고 교양 있는 학자였으며, 1996년에 복제양 돌리를 만든 에든버러 대학 연구팀의 선구자기도 했다.

특이하게도 '찰스 톰슨 리스 윌슨'의 이름 중간에 들어간 리스와 톰슨은 윌슨 아버지의 농장에서 일했던 두 양치기의 이름이기도 했는데, 어째서 그들이 윌슨의 이름 한가운데에 들어간 것인지는 본 저자도 알지 못한다. 윌슨의 어머니는 섬유 제조업으로 성공한 가문 출신으로 문학에 대한 꿈이 컸다. 윌슨은 대가족에서 태어나 자랐다. 두 명의 형제자매와 네 명의 이복 형제자매가 있었는데, 이들은 윌슨의 아버지가 이전의 결혼으로부터 얻은 자식이기도 했다.

윌슨 가에 비극이 일어난 것은 윌슨이 겨우 4세 때였는데, 그의 아버지가 53세의 나이로 세상을 떠난 것이었다. 그 후로 윌슨의 어머니는 그를 비롯한 여섯 명의 아이들을 혼자 씩씩하게 키웠다. 이복형제인 윌리엄의 풍족한 지원으로 윌슨은 어려운 환경에서도 고등학교를 무사히 졸업하고 케임브리지 대학까지 갈 수 있었다. 윌리엄은 인도에서 어느 정도 재산을 모은 사업가였다.

윌슨은 날씬하고 키가 크며 피부가 흰 소년이었다. 그를 아는 사람들은 대부분 두 가지를 선명하게 기억했다. 바로 윌슨의 밝고 푸른 눈과 더듬거리는 말버릇이었다. 말 한마디 내뱉는 것이 그에게는 너무나 큰 고통이었다. 하지만 그의 이러한 장애 때문에 이복형제인 윌리엄이 더 신경 쓰고 정을 쏟은 건지도 모른다.

1888년, 윌슨이 영국의 최고 명문대학에 입학했다는 소식을 듣고, 윌리엄은 인도에서 동생에게 감동적인 편지를 보냈다. "네가 케임브리지 대학에 합격했다는 사실을 일요일 아침에 들었는데 그때가 내 인생에서 가장 멋진 순간이었어! 우리에게도 마침내 행운이 찾아 왔구나… 이 행운이 계속될 것이라는 느낌이 들어…" 이 예언에도 불구하고 윌리엄은 동생의 세계적인 명성을 같이 누리지 못했다. 윌슨이 케임브리지 대학을 졸업하기 불과 몇 주 전인 1892년 성금요일(부활절 전의 금요일. 예수가 십자가에 못 박힌 날을 기억하기 위한 날_역자주)에 결핵으로 세상을 떠났기 때문이었다. 윌슨은 이후 90세에 쓴 회고록에서 "나를 향한 그의 격려와 믿음은, 내 인생에서 가장 강력하고 소중한 것 중 하나였다"라고 썼다.

윌슨은 자신이 강렬한 열정을 가지고 임했던 연구 활동 외에도 하이킹에도 열성적이었다. 크기에 상관없이 모든 자연의 요소가 그를 매혹시켰다. 그는 연못 속 생명체뿐만 아니라 딱정벌레도 연구 대상으로 삼았다. 특히 하늘에 매료되었는데, 구름과 하늘의 빛깔에도 관심이 많았다. 또한 그는 몇 시간 동안 걸어도 아무도 만날 수 없는 고요한 고지대에서 고독을 즐겼다.

저지대의 풍부한 농지 대신에 고지대에는 양 떼와 황야 그리고 척박한 언덕이 펼쳐진다. 바람은 봉우리 위로 안개를 끌어당기고, 바위에서는 폭포수가 떨어진다. 윌슨은 끊임없이 변화하는 북쪽의 빛과 광대한 하늘의 빛 그리고 안개와 흐린 태양 빛으로 인해 발생하는 자연의 섬세한 색상을 사랑했다. 그는 긴 산책길에서 구름을 사진에 담거나 식물을 분류하고 돌을 수집하기도 했다. 그리고 비바람이 몰아치고 이끼로 뒤덮인 갈색의 풍경을 휘감고 있는 좁은 산마루를 헤매고 다니거나, 길을 가로막는 양 떼들 사이를 요리조리 빠져나가기도 하고, 텁수룩한 적갈색의 소들이 목초지에서 신맛이 나는 풀을 줄기차게 뜯는 풍경을 보며 미소를 지었다.

그는 십 대 시절에 스코틀랜드의 애런섬을 여행했는데, 이곳에서 경험한 자연의 아름다움이 그를 과학으로 이끌었다고 여러 번 회고했다. 자연과 구름은 그에게 중요한 것을 가르쳐 주었다. 순간의 중요함에 대한 깨달음이 그것이었다. 구름을 보는 것은 시간을 늦출 수 없는 일이기 때문이다. 태양 빛에 의해 보라색으로 물든 섬세한 구름의 흔적은 1분 후에는 완전히 회색으로 변할 수 있다. 또한 이와 마찬가지로 위대한 과학적 발견을 이루기 위해서는, 순간을 포착하여 예상치 못한 것을 인지하기 위한 인내와 끈기가 필요하다.

1927년, 노벨상 수상 연설에서 윌슨이 설명했듯이, 그의 획기적인 발견에는 길고 긴 데이터 분석이나 복잡한 수학 방정식이 필요 없다. 오직 스코틀랜드에서 가장 높은 산인 벤네비스에서의 시간이 결정적인 역할을 했을 뿐이다. 윌슨은 '구름 머리(켈트어인 벤네비스의 뜻)'에 머무른 시간이 모든 것을 결정했다고 강조했다. 스코틀랜드의 전설적인 산에서 구름과 안개의 연구 방법이 발명되었고, 자연에 대한 우리의 인식에 혁명적인 전환점을 가져다주었다.

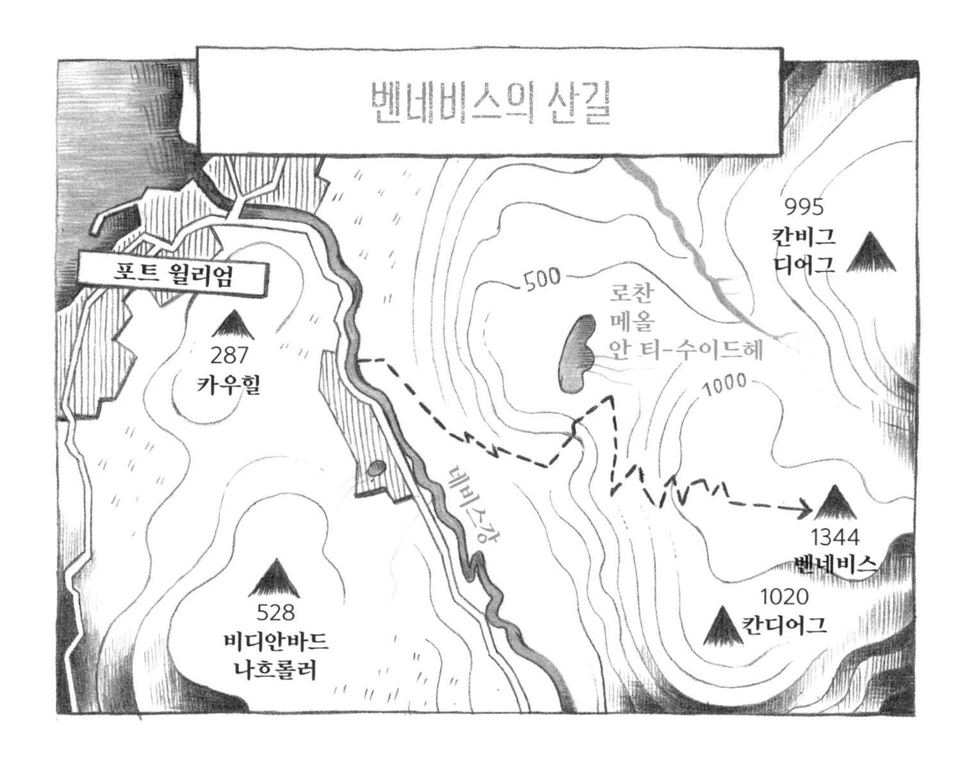

벤네비스는 대서양에서 멀지 않은 중서부 고지대에 있는데, 거칠고 습한 폭풍이 대서양에서 끊임없이 스코틀랜드 쪽으로 불어온다. 벤네비스는 이처럼 맹렬하고 습기에 찬 공기를 선두에서 맞이한다. 그러다 보니 산 정상은 1년에 300일이 구름에 싸여 있어서 진정한 안개의 고향이라 할 만하다. 운이 좋았던 어느 여름날, 윌슨은 구름 바로 위로 드러난 봉우리를 목격했다. 거기서 나중에 말한 것처럼 태양에 의한 매혹적인 광학 현상이 일어나는 구름과 공기의 경계 지역을 직접 볼 수 있었다.

“매일 아침 태양이 구름의 바다 위로 떠 오를 때, 나는 화려한 색상의 구름으로 둘러싸인 채 구름 위에 떠 있는 산의 그림자를 보았다. 내가 목격한 풍경의 아름다움에 이끌려 나는 구름과 사랑에 빠지게 되었고 그것들을 좀 더 잘 이해하기 위해 나는 여러 실험을 해 보기로 했다.”

윌슨은 1894년 여름에 벤네비스를 등반했다. 북쪽의 빛은 수없이 다양한 변화를 만들어내는 마법을 가지고 있었는데, 그 빛은 평

야보다는 산 위에서 더 강렬해지고 화려해졌다. 그는 이곳에서 놀랍고도 귀한 현상을 관찰할 수 있었다. 윌슨은 새벽 다섯 시부터 산을 올라가 경이로운 풍경을 목격했는데, 그 경험이 얼마나 강렬했던지 그는 60년이 지나 자신의 마지막 책 중 한 권에 다음과 같은 감상을 썼다. "아래에 끝없는 구름의 바다가 펼쳐졌고 거기서 솟아오른 가장 높은 산봉우리만이 섬처럼 눈에 띄었다. 잠시 후 동녘 하늘이 새벽빛으로 물들었고, 마침내 태양이 구름의 바다 위를 비춰주는 놀라운 광경이 연출되었다. 고개를 돌려 서쪽을 바라보자 벤 네비스의 그림자가 눈에 들어왔는데, 그것은 처음에는 지평선까지 닿았다가 해가 떠오르자 서둘러 동쪽으로 돌아갔고 찬란한 아름다움의 순간은 구름 속으로 사라졌다…" 산꼭대기에서 펼쳐지는 이 귀하고 아름다운 경관은 관찰자가 구름의 바다 위에 있고 등 뒤에 태양을 두고 있을 때, 때때로 산의 그림자나 관찰자의 그림자를 둘러싸고 펼쳐지는 무지갯빛의 후광의 일종이다.

윌슨은 산 위에서 사나운 폭풍을 여러 번 경험했고, 번개가 전신주의 금속을 녹이는 것도 보았다. 한번은 폭풍에 갇혀 간신히 목숨을 건진 적도 있었다.

1894년 6월 26일, 며칠간의 여름 무더위 끝에 윌슨은 갑작스러운 날씨 변화를 목격했다. "벤네비스와 칸디어그(스코틀랜드의 산) 사이의

협곡에서 갑자기 안개가 퍼지더니, 멀리서 끊임없이 천둥소리가 들렸다. 나는 칸디어그의 정상까지 갔다. 그곳에 머무른 지 고작 1~2분도 안 되었을 때 별안간 머리카락과 손에서 세인트 엘모의 불 현상이 일어나는 것을 느꼈다." 윌슨은 이 사건을 자신의 첫 번째 수첩에 기록했다. 그 수첩은 긴 생애를 살아오면서 윌슨이 자기 생각과 관찰을 가득 기록한 총 50권의 수첩 중에서 첫 번째 수첩이었다. 그리고 이 사건은 그의 인생에서 거의 마지막 사건이 될 뻔했다. 세인트 엘모의 불(낙뢰가 떨어지기 전 산의 정상이나 뾰족하게 솟아오른 끝부분에서 발생하는 파란 빛)은 번개가 치기 직전에 관찰되는 전조 현상이기 때문이다. 이를 알아챘다면 그곳으로부터 가능한 한 멀리 줄행랑을 쳐야 한다. "나는 구덩이 속으로 달려 들어갔다. 곧 번쩍하며 번개가 치고 천둥이 울렸다."

우리가 가진 최고의 것, 첩첩산중:
원자로 가는 창문을 발견한 윌슨

화학자인 알프레드 허시는 과학자의 가장 큰 재산이 무엇이라고 생각하냐는 질문에 “실험을 거듭하여 결국 성공을 거두는 것이다” 라고 답했다. 이 문장이야말로 윌슨의 연구 방식을 완벽하게 묘사하는 것이다. 벤네비스에 다녀온 윌슨은 자신이 목격했던 구름과 안개의 현상을 더 자세히 연구하기 위해 그것을 재현해보기로 했다. 1895년, 그는 케임브리지 대학의 캐번디시 연구소의 연구직을 수락했다. 비정규직에 보수도 형편없었지만, 캐번디시는 당시 세계 최고의 물리학 연구소 중 하나였다.

윌슨은 캐번디시에서 부지런히 연구에 전념했다. 그는 존 아이켄이 개발한 것처럼 인공 안개를 발생시키는 장치를 만들었다. 또 마치 애완동물이라도 되는 듯이 항상 연구실에 일정량의 구름과 안개가 머물도록 했다. 그는 몇 년 동안 매일같이 안개상자에 안개를 가득 채우고 끊임없이 관찰했다. 그의 인내심은 무궁무진했다. 윌슨은 자신이 고안한 장치를 개선하고 실험하면서 무한한 만족감을 얻었다. 이 장치는 기본적으로 유리 플라스크로 구성되어 있다. 윌슨은 여기에 증기를 가득 채웠고, 나중에는 알코올 증기를 사용했다. 그런 다음 증기를 응축하기 위해 병 안의 압력을 바꾸었다. 이는 샴페인이나 맥주병을 여는 것과 같은 원리로, 갑작스러운 압력 변화로 인해 작은 구름이 형성되는 것이다.

때때로 그는 장치가 산산조각이 날 때까지 실험했다. 그런 상황을 마주하면 윌슨은 부드러운 목소리로 "어휴!" 하고 한숨을 쉬었다. 그리고 깨진 플라스크를 들고 가서 분젠 버너 위에서 녹인 다음 새로운 플라스크를 만들었다. 그리고 처음부터 다시 작업을 시작했다. 노

벨상 수상자인 어니스트 러더퍼드는 윌슨의 오랜 동료로서, 그와 함께 일했던 시절을 이렇게 회상했다. "당시 나는 캐나다 몬트리올에서 연구직을 제안받았지요. 그래서 윌슨에게 작별인사를 하러 갔답니다. 윌슨은 안개상자를 만들기 위해 유리관을 녹이고 있던 참이었지요. 3년 후에 돌아와 윌슨을 찾아가서 '이 사람아! 나 돌아왔다네'라고 말을 했지요. 하지만 윌슨은 나를 아는 척도 하지 않더군요. 안개상자를 만들기 위해 막 유리관을 녹이고 있던 참이었거든요…"

윌슨은 연구뿐만 아니라 케임브리지 대학에서 강의도 했다. 그는 뛰어난 재능을 가진 실험물리학자였지만 말더듬증으로 강의를 몹시 힘겨워했다. 그의 제자였던 에릭 클리포드 할리데이의 말이다. "그가 단 한 문장을 시작하는 데도 온 에너지를 짜내야 했기 때문에 길고 고통스러운 침묵이 흐르곤 했답니다. 눈에 띄는 엄청난 노고 끝에, 그는 말 그대로 겨우 한 단어씩 입에서 내뱉을 수 있었지요."

할리데이의 증언에 의하면, 그와 런던 거리를 함께 걸으면서 질문을 하면 두 블록을 걸어서야 대답을 들을 수 있었다고 한다. 강의 시간에 윌슨은 가만히 서서 밝은 푸른색 눈동자를 빛내면서 학생들에게 미소를 지었다. 하지만 그의 다리는 다른 말을 하고 있었다. 상황이 얼마나 괴로운지는 그의 다리를 보면 확실히 알 수 있었다. 그는 오른쪽 다리를 왼쪽 다리에 감은 채 말 그대로 꽈배기가 되도록 배배 꼬았다. 그러고는 두세 문장을 겨우 끝낸 다음에 다시 긴 휴식에 돌입했다. 이런 강의 때문에 학생 대부분은 도망가고 말았다. 하지만 남아 있는 소수의 학생은 그가 내뱉은 말들이 얼마나 철저한 성찰을 거쳐 나온 것인지, 또 그의 말을 기다려서 듣는 것이 얼마나 가치 있는 일인지 잘 알고 있었다. 학생들은 또한 그의 친절함과 훌륭한 유머 감각을 좋아했다.

모친의 엄격한 양육 때문인지 윌슨은 극도로 내성적이었다. 그는 자주 미소를 지었지만, 결코 소리 내어 웃는 법이 없었다. "어휴!" 정도가 입에서 나온 가장 거친 말이었을 정도였다. 윌슨은 거의 누구에게도 도움을 요청하지 않았으며 완전히 독립적으로 일하는 것을 선호했다. 소박하게 살았으며 새로운 장비를 사는 일도 거의 없었다. 그는 또한 돈에 관해서는 인색하다는 소리를 들을 정도로 몹시 신중했는데, 심지어 그의 제자 중 한 명은 윌슨이 겨우 19파운드를 내도록 하는 데 반년이나 걸렸다고 회상하기도 했다. "내가 유명해진 것도 바로 그 때문이었죠… 실로 수년 만에 윌슨이 돈을 내도록 하는 데 성공했거든요."

다시 윌슨의 연구로 돌아가면, 그는 일단 구름이 어떻게 형성되는지를 설명하기 위해 아이켄의 연구를 계속 이어나가고자 했다. 구름은 이른바 공기 중의 수증기에서 나온 것이다. 수증기는 공기가 팽창하거나 차가워질 때 응축된다. 그러고서 아주 미세한 물방울들이 형성되는데 이들은 너무 작아서 아주 천천히 가라앉는다. 물이 응결되기 위해서는 먼지 알갱이와 같은 공기 중의 미세한 입자가 필요하다. 눈송이가 떨어진 솔방울에 달라붙듯이 물은 먼지 알갱이에 달라붙는데, 아래로 내려가면서 점점 덩치가 커지게 된다. 그런데 윌슨은 아무런 입자가 없는 완전히 깨끗한 공기에서도 구름이 형성될 수 있다는 것을 발견했다. 어떻게 그것이 가능할까?

이는 안개 연구에서도 매우 좁은 범위에 해당하는 질문이어서 커다란 흥미를 불러일으키지 못했다. 하지만 윌슨이 끊임없이 탐구했던 이 질문은 결국 획기적인 발견으로 이어졌다. 빌헬름 콘라드 뢴트겐이 엑스선을 발견했을 당시의 일이었다. 이 고농도 에너지 광선의 발견은 전 세계적으로 큰 반향을 일으켰는데, 엑스레이를 통해

드디어 인간이나 동물의 몸속을 들여다보는 것이 가능해졌기 때문이다. 이 광선은 피부와 육체를 관통하는 것으로 현대 의학에서 꼭 필요한 요소다. 한편, 이 발견은 과학계에도 엄청난 관심을 불러일으켰다. 윌슨은 즉시 새로운 광선을 실험하기 시작했다. 그는 안개 상자 내에서 엑스선이 안개를 형성할 수 있지 않을까 추측했는데, 결국 실험을 통해 그것을 확인하였다. 윌슨은 공기 중의 먼지가 안개를 응축시키는 것처럼 엑스선도 비슷한 역할을 한다는 것을 증명했다.

얼마 후에 프랑스 물리학자인 앙투안 앙리 베크렐은 우라늄 덩어리에서 또 다른 에너지 광선을 발견했다. 초기에 우라늄의 광선은 엑스선과는 달리 신체 내부를 촬영하는 데 사용할 수 없어서 거의 주목을 받지 못했다. 기껏해야 사진 인화용 종이를 검게 만드는 역할 정도만 했을 뿐이어서 그 누구도 관심을 두지 않았다. 그러다 마침내 폴란드 태생의 젊은 프랑스 과학자 마리 퀴리가 우라늄의 광선이 원자의 붕괴에 기초한 근본적인 현상이라는 것을 증명해냈고, 그것에 방사선이라는 이름을 붙이고 탐구를 거듭했다. 또한 그녀는 방사성 물질인 폴로늄과 라듐이라는 새로운 화학 원소를 발견했다. 이러한 현상과 함께 원자 내부를 보여주는 창문이 열렸는데, 그 이유는 방사선을 통해 원자의 상태를 확인할 수 있었기 때문이다. 윌슨은 자신의 안개상자에 이 새로운 광선을 실험하여 그것이 결로를 유발한다는 것을 증명했다.

먼지만 구름을 형성하는 것이 아니라 방사선도 그런 역할을 한다는 것은, 그 자체로 상당히 중요한 발견이었다. 낮에는 대기권에서 먼지가 많아지면 구름이 만들어지기도 한다. 하지만 먼지 입자가 거의 없는 높은 고도에서도 구름이 만들어지지 않는가. 상층부에서 구름을 만들어내는 것이 바로 방사선이다. 이 방사선은 우주에서 오는 것이지만 대기의 간섭을 받기 때문에 땅 위로는 아주 소량만 내려오게 된다. 오스트리아 물리학자인 빅토르 헤스가 1911년과 1912년에 한 풍선 실험에 따르면, 풍선을 타고 계속 올라가다 보면 3천에서 5천 미터 사이에는 밤 동안에도 방사능이 증가하는 것으로 밝혀졌다. 이는 태양이 아닌 우주 공간에서 방사선이 온다는 것을 의미한다.

윌슨은 구름의 물리학에 많은 기여를 했다. 구름의 형성에 공기 중의 미세 입자가 필요하단 사실을 증명했을 뿐 아니라, 방사선을 통해 과거에는 잘 알려지지 않았던 새로운 사실도 밝혀냈다. 아마 다른 물리학자들도 그와 같은 실험을 했더라면 비슷한 결과를 얻었을 것이고, 의문에 대한 해답을 얻고 나서는 다른 주제로 눈길을 돌렸을 것이다. 하지만 윌슨은 연구를 계속했다. 한 치의 흔들림 없이

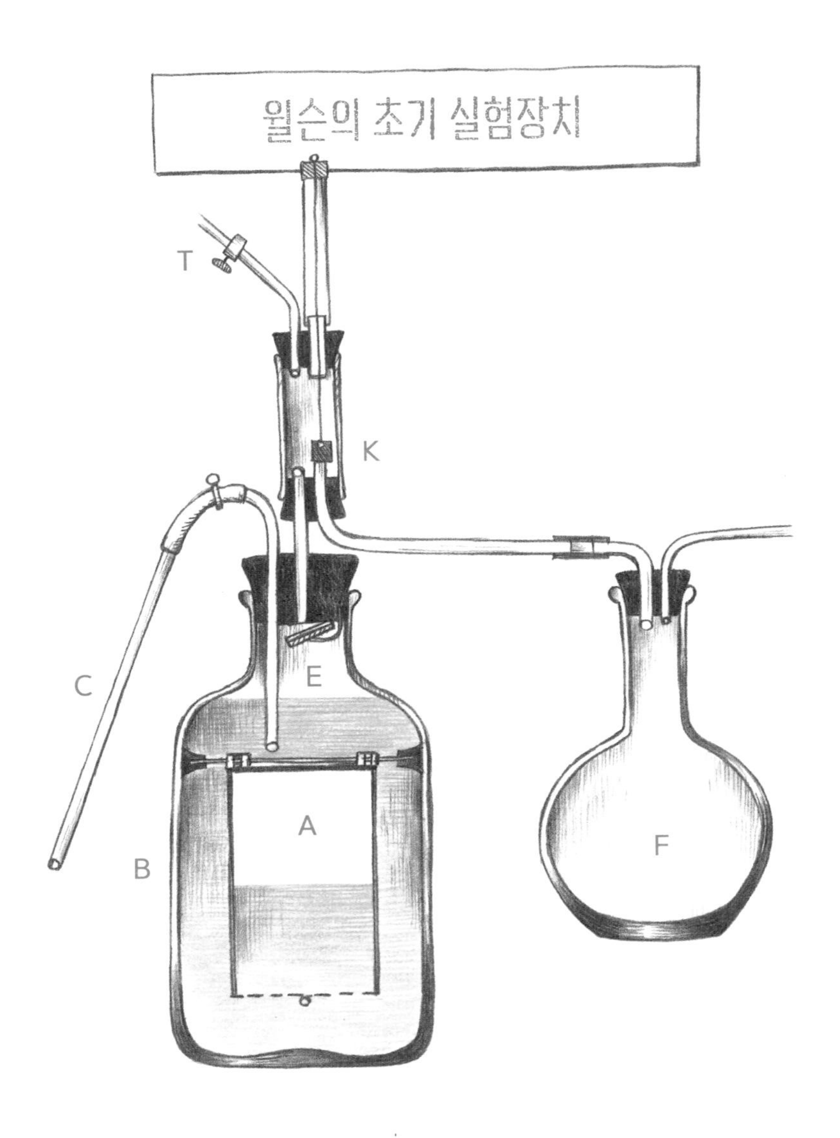

A: 확장실, C: B의 수위 조절
밸브 K를 열면, B의 상부에서 나오는 공기가 비워진 용기 F로 급격하게 빨려 들어갈 수 있다.
물의 흐름은 부유하는 밸브 E에 의해 방지된다.
밸브 T를 열면 다시 초기 상태로 돌아간다.

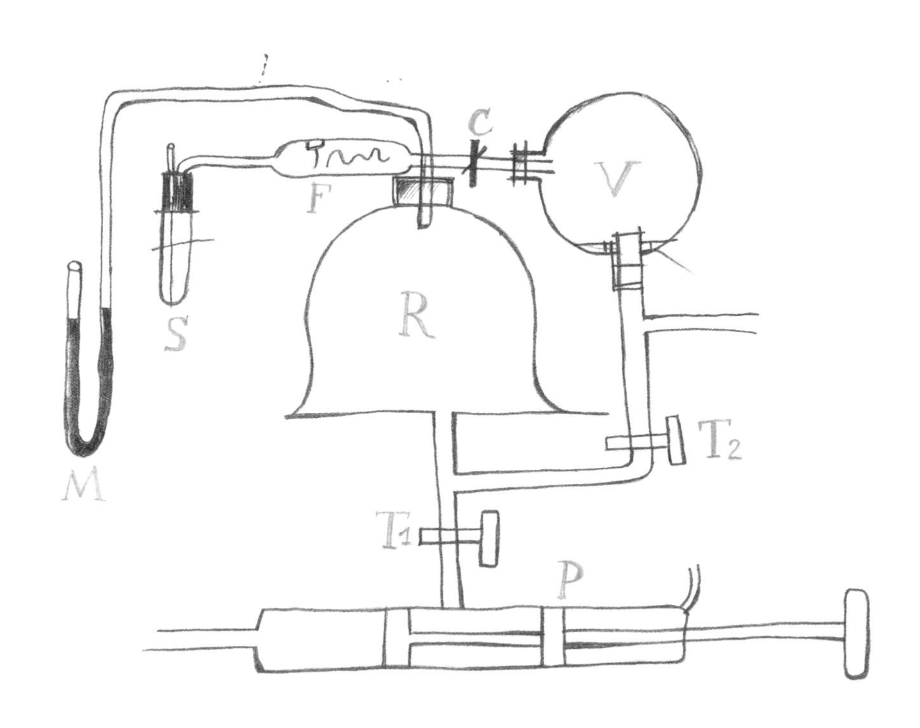

윌슨의 수첩: 위는 안개상자의 첫 번째 도면(1895), 아래는 아원자 입자의 궤적이다. 윌슨은 이를 처음으로 본 인간이었다(1911년 3월 29일).

안개상자로 실험을 계속했고, 아주 세밀한 안개 형성 현상을 민감하게 포착할 수 있을 때까지 실험기구를 개선했다.

윌슨은 남들과는 다른 새로운 길을 찾아 나섰고, 안개에 대한 예민한 감각이 그를 인도했다. 윌슨은 어린 시절부터 항상 독특한 모습의 구름을 관찰하는 데 익숙했다. 1911년 3월 18일, 그는 다른 관찰자라면 쉽게 간과하고 말았을 무엇인가를 알아챘다. 그날 윌슨은 수첩에 "안개상자에 엑스선이 퍼졌다"라고 적었다. 언제나 그렇듯이, 그것은 자신의 실험을 묘사하는 간단한 문장이었다. 안개상자의 공기는 증기로 과포화되어 안개가 형성되려 하고 있었다. 그는 계속해서 피스톤을 통해 엑스선을 보내면서, 공기를 더욱 민감하게 만들기 위해 미세한 변화를 주었다. 그러다 그는 새로운 현상을 보게 되었고 이렇게 적었다. "안개가 불연속적이면서 각기 다른 매듭을 만들어냈다. 광선이 내뿜는 궤적의 교차 현상인가?"

쉽게 말해 자신이 만들어낸 안개 속에서 특정한 패턴을 본 것이다. 그러나 매듭들은 곧바로 사라졌다. 그건 그저 상상의 산물이었을까? 윌슨이 본 것은 마치 찰나의 흔적 같았다. 하지만 무슨 흔적이란 말인가? 한 줄기 빛이었나, 아니면 빛의 무리였을까?

안개상자에서 자신이 확인할 수 있는 광선의 흔적을 통해 교차점을 만들 수 있다는 가설을 실현하기 위해, 윌슨은 며칠 밤낮에 걸쳐 연구를 거듭했다. 결국 안개상자를 개선하여 방사선의 강도를 증가시켜 실험에 성공했다. 1911년 3월 29일, 윌슨은 안개상자에서 소립자의 명확한 궤적을 목격한 최초의 증인이 되었다. "광선이 훨씬 더 잘 보였다. 이들은 매우 날카로운 윤곽을 보여주었다… 이 극도로 미세한 선은 대부분 엑스선을 쏘는 입구에서 나오지만 때때로 다른 방향에서 나오기도 했다." 윌슨은 그것이 위대한 발견이라는 사실을 깨달았던 게 틀림없다. 왜냐하면 아원자 차원에서 벌어지는 그러한 현상을 목격한 인간이 그때까지 누구도 없었기 때문이었다. 윌슨은 보이지 않는 세상을 처음으로 들여다본 인간이었다. 그는 안개상자 속에서 수만 배 이상으로 확대되어 우리 현실 속에서도 일어날 수 있는, 자연에 존재하는 극도로 미세한 현상을 재현해 낸 것이다.

나는 그날 저녁에 윌슨이 특별히 벤네비스 기슭에 있는 전통적인 양조장에서 나온 위스키를 마셨을 거라고 상상해본다. 하지만 내가 틀렸을 수도 있다. 왜냐하면 어머니의 엄격한 양육으로 인해 윌슨은 술을 거의 입에 대지 않았기 때문이다. 그의 어머니는 스코틀랜드 특유의 고농도 술, 특히 위스키를 마시는 것을 격렬하게 반대했던 단체인 영국 여성금주동맹의 창시자 중 한 명이었기 때문이다. 그러나 윌슨이 3월 29일 저녁에 위스키를 마셨든 그렇지 않았든, 한 가지 확실한 것이 있다. 독한 알코올은 안개의 역사에서 매우 결정적인 역할을 했다는 사실이다. 안개상자는 물보다 알코올에 더 잘 반응하기 때문이다. 이 점에서 원자와 그 구성 요소는 안개상자의 발명가보다도 더 스코틀랜드적이라고 할 수 있다. 이들은 단순한 증기보다는 알코올이 섞인 대기에서 더 활성화되며 훨씬 더 많이 볼 수 있다.

윌슨은 완전히 새로운 종류의 안개를 본 최초의 사람이었는데, 이 안개는 곧 물리학에서 가장 작은 규모의 자연현상을 탐구하는 데 꼭 필요한 도구가 되었다. 윌슨은 고지대를 돌아다니면서 구름 사진을 찍는 것을 좋아했다. 이러한 취미가 연구 방식을 개선하는 데도 중요한 역할을 했다. 구름이나 안개의 모양은 섬세하고도 일시적이었으므로 생기는 순간 다시 사라지곤 했다. 구름을 좀 더 자세히 연구하기 위해 윌슨은 구름 모양을 사진으로 찍는 방법을 개발했는데, 이는 상당히 까다로웠으며 정교한 조명 기법이 필요했다. 1911년 5월에 출판된『기체에서 이온화된 입자의 궤적을 볼 수 있게 만드는 방법』이라는 첫 책에서도 그는 자신이 찍은 구름 사진을 실었다. 우리는 이 책에서 윌슨이 구름과 안개의 매력에 얼마나 이끌렸는지 볼 수 있다. "사진은 오로지 위대한 구름의 아름다움을 희미하게 비출 뿐이다." 그가 책에 남긴 말이다.

윌슨의 안개상자는 인류에게 새로운 세상을 선보였는데, 이전에는 보이지 않았던 것이 안개상자를 통해 보이게 된 것이다. 또 과거에는 이론으로만 존재하던 것들을 별안간 눈앞에서 볼 수 있게 되었다. 눈앞에서 바로 원자 조각이 움직이는 흔적을 볼 수 있게 된 것이다.

그런데 이것이 왜 그렇게 특별한 것일까? 현대 과학은 우리가 사는 세상 안에 서로 얽혀 있는 다양한 세상이 존재한다는 것을 발견했다. 모든 현상은 무한한 깊이를 가지고 있다. 왜냐하면 그 안에는 보이지 않는 수많은 현상이 감추어져 있기 때문이다. 일상생활에서 우리는 빛 속에 서 있는 견고한 물질들을 마주하고 산다. 이것들은 표면과 내면을 갖추고 있다. 책상과 의자에도, 집이나 나무에도, 호수나 구름과 같은 풍경 속에도 있다. 우리는 현미경을 통해서 눈으로 볼 수 없는 미생물의 세상이 존재하는 것을 안다. 하지만 거기서 끝이 아니다. 현미경으로 볼 수 없을 만큼 작은 바이러스가 있고, 더 미세한 원자의 차원이 있다. 그런데 원자조차도 양성자, 중성자, 전자로 구성되어 있고, 심지어 끝이라고 볼 수 없다.

철학자 라이프니츠는 세상의 모든 물질은 '물고기가 가득한 연못과 식물이 가득한 정원'이라는 가르침을 전파했다. 그에게 영감을 준 것이 바로 이러한 다른 세상이었다. 낙천적인 라이프니츠의 가르침처럼, 이 미세한 세상은 그 다양성과 아름다움 면에서 절대로 인간의 세상에 뒤지지 않는다. 원자의 세계는 자신들만의 법칙을 가지고 있는 덕분에, 테니스공과는 다른 규칙에 따라 움직인다. 서로 얽혀 있는 각기 다른 차원은 일반적으로는 큰 연관성이 없다. 물론 우리는 유리잔 속의 물이 물 분자로 구성되어 있다는 것을 알고 있고, 우리가 움직일 때 물 분자도 함께 움직인다는 것을 알고 있다. 또한 물이 움직이면서 어마어마한 수의 미세 단위의 움직임도 항상 동시에 일어난다. 하지만 원자 수준에서 일어나는 개별적인 사건들은 정상적인 사물의 세계에서 일어나는 사건들에 거의 영향을 미치지 않는다. 마치 스코틀랜드의 술집에 앉은 손님이 브렉시트에 대해 제아무리 열변을 토하더라도, 영국 정치에는 아무런 영향을 미치지 않는 것처럼 말이다.

원자는 작다. 이것들은 믿을 수 없을 정도로 작아서 그것을 정확하게 인식하고 전달하기가 어렵다. 인간이 다룰 수 있는 가장 작은 물체 중 하나가 바늘귀인데, 그것은 보통 지름이 1mm보다 약간 적다. 많은 사람 중 남성들에게 있어서, 그처럼 작은 구멍에서 실을 끄집어내는 것은 대부분 불가능에 가깝다. 하지만 지름이 1mm의 100분의 1쯤 되어도 원자에 비하면 어마어마하게 광대하다고 볼 수 있다. 원자의 지름은 보통 1mm의 1천만분의 1 수준이다.

자, 그러면 원자의 크기를 바늘귀만큼 확대한다고 가정해보자. 그렇게 되면 바늘귀의 양쪽 거리는 지브롤터 해협 맞은편에 놓인 아프리카의 해안과 스페인의 해안만큼 이나 벌어지게 될 것이다. 지브롤터 해협은 지중해와 대서양의 경계에 놓인 바다인데, 아프리카와 유럽이 약 14km의 거리를 두고 마주 보고 있다. 병목처럼 생긴 이 거대한 해협의 거리와 비교해서 우주에서 가장 풍부한 수소 원자의 크기를 가늠하자면, 수소 원자는 스페인의 타리파에서 모로코의 탕헤르까지 이동하는 배의 매점에서 파는 빵 위에 얹힌 씨앗 정도밖에 되지 않는다.

하나의 원자, 혹은 원자의 조각은 가령 테이블에 부딪힌다 해도 결코 눈에 보이는 어떤 반향도 일으키지 않는다. 이는 선원이 먹는 빵 부스러기 속의 씨앗이 여객선의 이동 방향이나 속도에 하등 영향을 미치지 않는 것과 마찬가지다. 어디선가 물컵이 떨어진다면 그것은 흩날리는 원

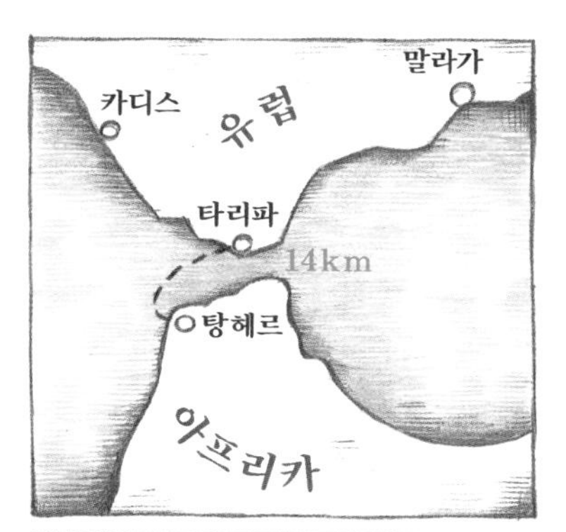

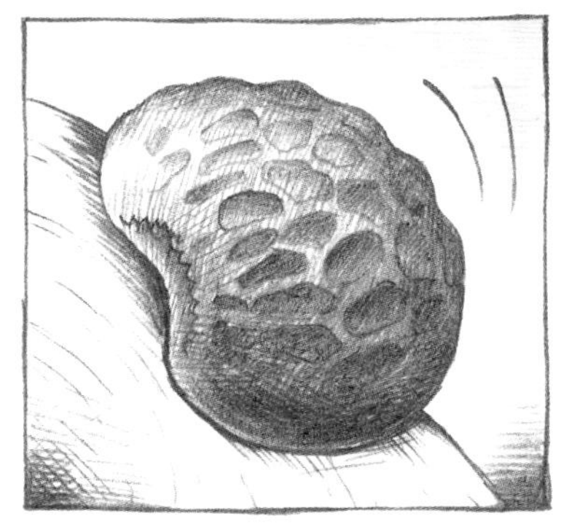

자 때문이 아니라, 누군가가 물컵을 팔꿈치로 내리쳤기 때문이다. 우리 세상의 사물들은 보통 크기가 거의 같은 물체들에 의해서만 영향을 받는다. 작은 세계에서 비롯된 신호가 큰 세계까지 도달하는 것은 매우 드문 경우다. 따라서 원자나 소립자가 존재하건 말건 우리의 일상과는 전혀 상관없다. 사실, 현대 과학에서는 오랫동안 원자의 개념이 없었다. 그것은 우연이 아니며 우리가 뭔가를 놓치고 살아서 그런 것도 아니다. 앞서 말했듯이 우리의 일상은 특정한 층으로 움직이는데, 그 층에서는 서로 비슷한 크기의 사물들이 연관을 맺는다. 그렇지 않다면 분자 하나의 충돌에도 책상과 의자 그리고 인간에게 어떤 영향을 미칠 것이다.

물론 배를 움직이게 하는 거대한 부품도 결국에는 철을 비롯한 여러 원자로 이루어져 있다. 그러나 배를 움직이는 것은 하나의 개별적인 원자가 아니라, 한 방향으로 움직이는 거대하고 단단하게 연결된 원자 덩어리들이다. 그와 비슷하게 지구상의 사람들이 무슨 일을 하건 지구가 태양 주위를 도는 움직임에는 전혀 영향을 미치지 못한다. 인간이 지구에서 어떤 일을 하더라도 태양이 1초 정도 늦게 뜨거나 하루라도 뜨지 않는 일은 있을 수 없다. 우리가 산 하나를 통째로 파다가 바다에 가라앉힌다고 하더라도, 지구가 태양 주위에서 일으키는 회전 방식에 어떤 영향도 미치지 못할 것이다. 수백만 발의 포탄과 미사일이 오가는 전쟁조차도 우주적 차원의 수

준에서는 측정할 수 없는 법이다.

그러므로 윌슨이 다른 차원의 접촉 구역을 발견했다는 사실은 너무나 놀라운 일이다. 그는 몇 세제곱센티미터 크기의 안개상자 속에서 원자의 세계를 발견했는데, 이곳은 스코틀랜드 고지대를 비롯하여 지구상의 어떤 구역보다 더 강렬하고 개별적인 사건들이 원자의 차원에서 벌어지는 곳이다. 원자핵이나 전자의 비행, 충돌, 폭발 등은 물체로 이루어진 우리 세계에 매우 미묘한 흔적을 남기는데, 그것은 너무나 섬세하여 일어나자마자 곧바로 사라지고 만다. 이런 구역들이 모든 경계 지역에서 마치 기적과도 같이 존재하고 있다.

이러한 현상은 윌슨이 안개상자에서 안개를 형성하는 것과 매우 유사한 환경을 만들어냈기 때문에 가능했다. 일단 내부를 수증기나 알코올로 과포화시킨다. 거기서 필요한 건 미세한 충격을 주는 일뿐인데, 날아다니는 전자가 그 역할을 했다. 그 과정에서 작은 물방울들이 형성되는데 이는 미세한 흔적으로 관찰할 수 있다. 그런데 그 흔적은 너무나 빨리 사라지기 때문에 경험이 없는 관찰자는 그 현상을 종종 놓치게 된다.

오늘날 안개상자를 통해 우리는 원자의 활동에 대한 새로운 시각을 갖게 되었다. 그것은 교과서에 나오는 것처럼 둥글고 검은 원자라는 고정된 형태가 아니다. 윌슨이 보여준 원자의 세계는 낭만적이고 색다른 모양을 가지고 있는데, 이는 원자의 내밀하고 유기적인 삶을 보여준다. 원자의 핵심적인 활동 방식은 마치 호흡처럼 유기적이다. 짧고 밝은 빛이 이끄는 대로 따라가다 보면 갑자기 나타났다가 다시 가라앉는 구름처럼, 원자의 세계는 끊임없이 나타나고 사라지는 현상 속으로 우리를 데리고 간다. 과학관에 전시된 안개상자를 지켜보노라면 누구나 금방 그 매혹적인 세계로 빠져든다. 밝은 색의 선이 안개상자 속에서 거듭 교차하는데 처음에는 강렬한 빛을 띠지만 금방 갈라지고 사라져 버린다. 이 빛은 우주의 심연에서 비롯된 미세한 입자나 우주 광선에 의해 발생한 것들인데, 이들은 벽이나 유리를 쉽게 관통하여 방문객의 눈앞에서 그 모습을 드러낸다. 그리하여 우리가 모두 우주의 움직임 안에서 서로 연결되어 있다는 것을 깨닫게 한다. 때때로 약한 방사성 물질을 안개상자에 놓아두기도 한다. 그러면 어두운 광석에서 선형의 안개가 피어오른다.

우리가 절대적으로 고요하고 생명력이 없다고 생각하는 자연 속에서도 원자는 움직이고 있다. 안개상자는 원자의 차원에서 사건들이 끊임없이 일어나고 있다는 것을 보여준다. 고정되고 변화되지 않는 물체에 대한 우리의 개념은 환상일 뿐이다. 가장 작은 입자들조차 끊임없이 나타나고 사라진다. 우리의 눈을 사로잡고 끌어당기는 자연현상조차도 하나의 과정일 뿐이다.

그렇다면 원자의 차원에서 벌어지는 과정을 보는 방법이 어째서 윌슨의 발명밖에 없었을까? 원자가 보일 때까지 현미경을 계속 발전시킬 수도 있지 않았을까? 여기에는 근본적인 한계가 있다. 빛은 1mm의 1만분의 1 정도의 파장을 가지는데, 이보다 더 작은 입자는 빛의 파장을 반사할 수 없고 보이지 않는 채로 남아 있다. 왜 그런 것일까? 그 이유를 분명히 전달하기 위해 비유를 사용해보겠다.

소리는 우리가 모두 잘 알고 있는 것이며 이는 파동을 통해 확대된다. 우리는 어떤 물질을 인식하기 위해 소리를 사용한다. 아주 단순한 차원에서 우리는 모두 소리에 익숙하다. 눈을 감고 방을 걸어갈 때, 우리는 발자국에서 울리는 메아리로 방에 물체가 있는지 혹은 비었는지 알 수 있다. 그 정도가 빛 대신 소리로 우리가 무엇인가를 인식하려 할 때 얻을 수 있는 것이다. 하지만 우리는 방 안의 무엇이 책상이고 의자이며, 소파이고 TV인지 알 수 없다. 인간이 들을 수 있는 소리는 몇십 센티미터에서 20m 정도의 파동을 가지고 있다. 큰 소리의 파동이 발생하는 것은 물체가 아주 큰 경우이다.

하지만 귀로 들을 수 있는 음파보다 낮은 음파에 주목하면, 우리의 지각 능력은 훨씬 섬세하게 연마될 수 있다. 박쥐는 어떤 가구와도 부딪히지 않고 캄캄하게 어두운 방을 날아다닐 수 있다. 그뿐인가, 이들은 심지어 작은 곤충들을 찾아내 잡아먹기도 한다. 박쥐는 매우 미세한 파동을 가진 초음파를 방출하고 있다. 이러한 초음파 호출은 그 파동이 너무 짧아서 모기로부터도 반사된다. 그 소리는

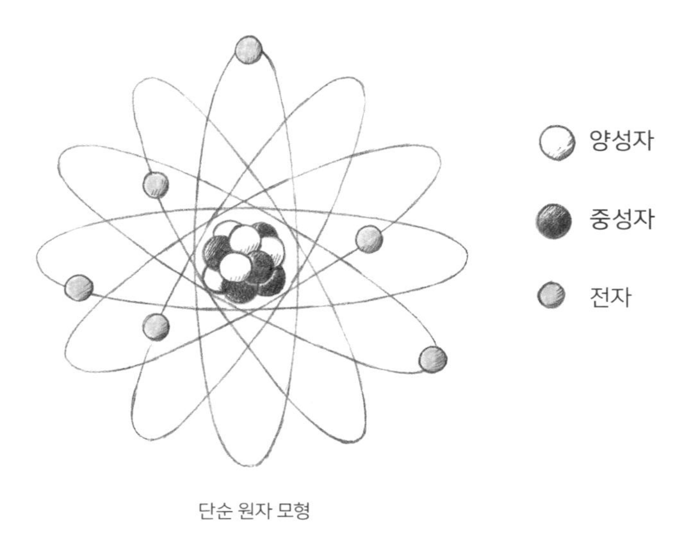

단순 원자 모형

우리에겐 들리지 않지만, 박쥐에겐 들리며 메아리를 통해 아무리 작은 물체라도 정확하게 찾을 수 있게 해준다.

방사성 붕괴 과정에서는 핵이 폭발하여 물질의 파편을 배출한다. 이것들은 헬륨의 핵이 될 수도 있으며, 이를 알파 방사선이라고도 한다. 아니면 전자나 양전자 혹은 베타 방사선이 될 수도 있다. 이 입자들은 원자와 마찬가지로 빛의 파장보다 상당히 작으며, 어쩌면 최단 초음파보다 훨씬 짧은 파동을 가졌을 수도 있다. 바로 그 때문에 아무리 정교한 광학 현미경을 사용하더라도 보통의 빛에서는 원자를 볼 수 없는 것이다! 따라서 눈에 보이게 하려면 파장이 더 작은 방사선으로 전환해야 할 것이다. 이 때문에 이른바 '전송 전자현미경'이라는 비싼 장치에 관한 연구가 있었지만, 이는 만들기도 다루기도 매우 복잡한 장치였다.

가벼운 현미경으로는 원자를 볼 수 없다. 대신 다른 어떤 것을 포착할 수는 있다. 하나의 원자나 개별적인 원자 조각이 눈에 감지되는 효과를 느끼는 것이다. 이는 100m 거리에서 던진 작은 조약돌을 볼 수는 없지만, 그것이 물의 표면에 일으킨 파동은 볼 수 있는 것과 마찬가지다. 물에 빠진 작은 씨앗조차도 몇 초 동안 눈에 보이는 파동을 일으킨다. 윌슨의 방법은 바로 거기서 착안했다. 우리는 원자를 직접 볼 수는 없다. 하지만 원자가 만들어내는 효과와 수증기 속에 응결된 흔적을 통해 확인할 수 있다.

우리는 웃으며 노래 부를 거야:
윌슨의 안개상자가 전 세계에 통하다

안개상자는 40년 이상 물질의 구성 요소에 관한 연구에서 가장 중요한 도구로 자리매김해왔다. 그리고 그 후 거품상자라는 아름다운 이름의 도구가 과학계를 지배하고 있지만, 이 또한 안개상자의 더 정교한 버전일 뿐이다. 핵물리학의 전성기에는 대부분의 소립자가 처음으로 발견되고 묘사되었는데, 중성자나 양성자 그리고 파이온과 같은 원자들은 대부분 윌슨의 안개상자 혹은 거기서 파생된 방식을 통해 관찰되었다. 그리하여 과학자들은 원자가 어떻게 형성되는지를 탐구할 수 있게 되었다. 이 방식은 전 세계적으로 사용되었는데, 안개상자 속에서 이전에는 알려지지 않았던 작고 특이한 안개를 탐구하여 소립자나 아원자 차원의 새로운 현상을 관찰하는 것이었다. 우선 안개상자에 방사성 물질을 넣어두면 곧 방사성 붕괴가 일어나 원자 조각과 전자, 양성자와 원자핵 또는 중성자를 배출하게 된다. 연구자들은 여기서 발생하는 찰나의 현상을 사진으로 찍어 그 경로를 확인하고, 물질의 최소 구성 요소의 움직임을 탐구할 수 있었다.

어떤 과학자들은 안개상자를 들고 산으로 올라가기도 했다. 왜냐하면 높은 고도에서는 우주로부터 방출되는 아주 작지만 엄청나게 강한 에너지의 입자들이 간혹 도달하기 때문이다. 이러한 고지대에서의 연구는 새로운 종류의 입자를 포함하여 낯선 현상들을 우리에게 보여주었다. 그리하여 현대 물리학은 이른바 소립자의 동물원(particle zoo, 광범위한 소립자의 종류가 마치 동물원에 있는 다양한 동물과 비슷하다고 하여 만들어진 표현)을 좀 더 가까이 들여다볼 수 있게 되었다.

물질의 가장 깊은 구조에 대한 현대인의 지식은 대부분 안개에 대한 집중적인 관찰과 체계적인 연구의 결과라고 말해도 과장이 아닐 것이다. 안개상자 연구자들의 모임은 전 세계적으로 급속도로 성장

했는데, 20세기 핵물리학 연구에서 분광학을 제외하고는 비슷한 의미를 가진 분야는 아마 없을 것이다. 왜냐하면 안개 연구는 우아하고 저렴하면서도 생산적이기 때문이다. 인공으로 이루어진 안개의 작은 바다가 전 세계적으로 성공한 것은 바로 그 덕분이다. 실험 물리학자들에게 안개상자는 형식주의 수학자들에게 양자역학만큼이나 큰 의미를 가진다. 일단 안개상자는 핵물리학의 중요한 질문들에 대해 단순히 수학적인 접근방식이 아닌, 실험적으로 접근하는 것을 가능하게 만들었다. 그리고 이를 통해 현재 우리가 알고 있는 현대 물리학의 중요한 요소들을 정립할 수 있었다.

윌슨은 새로운 형태의 구름과 안개 관찰법을 발견했으며, 동시에 새로운 핵물리학 연구 방법을 발견했다. 이는 놀라울 정도로 명상과 비슷하여 물질의 명상법이라고 부를 만한데, 왜냐하면 물질의 궤적이 생겨나자마자 이미 사라지고 없기 때문이다. 윌슨이 노벨상 수상 연설이나 다른 여러 자리에서 마치 벤네비스에서 신적인 영감이라도 받은 것처럼 거듭 얘기한 것은, 그만큼 많은 영향을 받았기 때문이다. 윌슨이 산에서 얻은 심오하고 강렬한 느낌을 바탕으로 이후에 발전시킨 성과를 돌이켜보면, 깊은 바닷속 진주조개로부터 반짝이는 진주를 얻은 것과 비슷하다.

윌슨의 연구 방식은 곧 기술화되고 전문화되었다. 안개상자에서 일어나는 일들을 자동으로 촬영하는 기계가 곧 등장했다. 안개상자 관찰자는 자동카메라로 대체되었는데, 이 카메라는 몇 주 안에 1만여 장의 사진을 찍고 분석하며 이전에는 볼 수 없었던 특이하고 독특한 구름 형태를 찾아냈다. 그리고 안개상자를 가동하기 위한 여러 가지 새로운 방법들도 발명되었다. 1935년, 미국의 물리학자 알렉산더 랭스도프는 압력 없이 작동되는 분산형 안개상자를 발명했다. 오늘날에는 이 분산형 안개상자가 윌슨이 발명한 팽창형 안개상자보다 다루기가 쉬워서 더 많이 활용되고 있다. 그럼에도 불구하고 분산형 안개상자와 팽창형 안개상자는 동일한 원칙에 바탕을 두고 있다. 바로 수증기나 알코올 증기 상태에서 접촉 구역을 만들어 내는 것이다. 아주 미세하게 균형이 잡힌 정지된 안개와 이미 물방울이 된 입자 사이에 전기 충전된 입자가 가로지르면서 미세한 물방울 같은 눈에 보이는 흔적을 남기는 것이다.

그리고 루크 하워드가 유명한 수필삽화집을 통해 구름의 여러 전형적인 형태를 제시하여 쉽게 알아볼 수 있도록 한 것처럼, 곧이어 독일의 물리학자 볼프강 겐트너, 하인츠 마이어라이프니츠, 발터 보테가 같이 작업한『안개상자 사진집』이 출판되어 안개상자 속에서 관찰할 수 있는 다양한 구름의 형태를 보여주었다. 어떤 구름은 하늘에 있는 제트기의 흔적처럼 기다란 선 모양이고, 어떤 구름은 뭉게 구름 모양이고, 또 어떤 구름은 기나긴 나선 모양이고, 오른쪽에서 왼쪽으로 선회하는 구름도 있다. 또 식물이 자라는 모양과 같은 구름의 모양도 있는데 어떤 구름은 씨앗이 터지는 모양과 같고, 빠르게 자라는 줄기나 나선형으로 자라는 덩굴손 같은 구름 모양도 볼 수 있다.

그 모양들은 마치 물리학자가 해석하고자 하는 심오한 수수께끼와도 같다. 물리학자들은 안개상자 속 구름을 과학적으로 해석한다. 그리고 우리가 알고 있는 가장 미세한 자연의 차원과 연결시킨다.

원자에 대한 이론은 오래되었다. 고대부터 원자는 눈에 보이는 것으로 인식되었는데, 그 다양성에도 불구하고 당시에는 오로지 하나의 둥근 형태로만 이루어져 있다고 여겨져 왔다. 그리스 철학자들은 이 작은 입자를 '나눌 수 없는 것(a-tomos)'이라고 생각했고, 원자(atom)라는 말도 여기서 나왔다. 또한 둥근 형태가 완벽하다고 믿었던 고대의 개념에 따라 원자 또한 둥글다고 여겨졌다.

처음에 원자론은 자연과학이나 지식이 아니라, 특이하게도 치료 효과를 가진 이론으로 발전했다. 철학자 에피쿠로스는 신에 대한 두려움은 지혜로운 이들을 성가시게 하고 삶의 즐거움을 방해한다고 믿었다. 신에 대한 두려움을 없애기 위해 에피쿠로스는 원자론을 옹호했는데, 사실 원자론을 발명한 사람은 에피쿠로스가 아니라

안개상자 속 구름의 모습

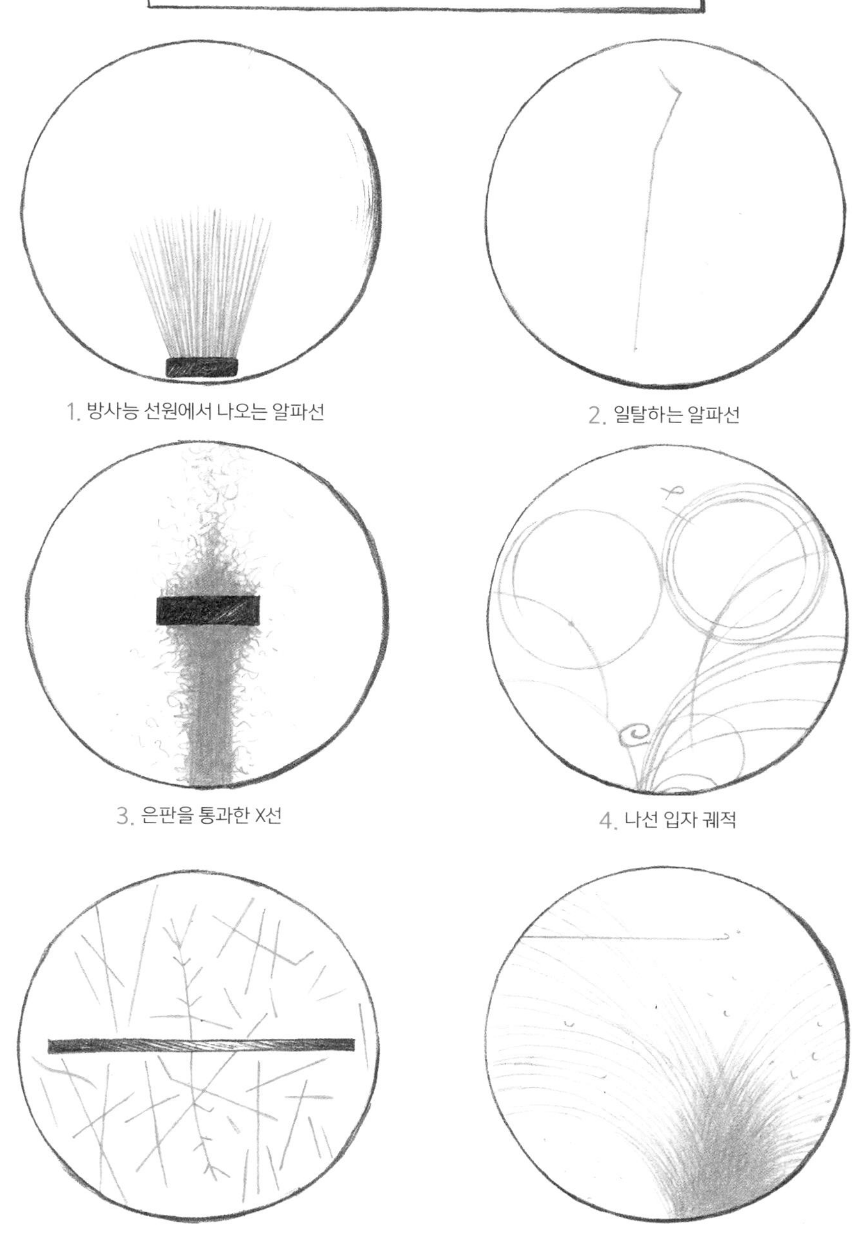

1. 방사능 선원에서 나오는 알파선
2. 일탈하는 알파선
3. 은판을 통과한 X선
4. 나선 입자 궤적
5. 우라늄 붕괴, 금박 위의 우라늄 층
6. 양전자와 전자 그리고 알파선

철학자 데모크리토스다. 에피쿠로스는 그의 생각을 받아들여 효과적으로 전파한 사람에 가깝다. 그런데 왜 원자에 대한 개념이 사람들의 마음에서 두려움을 없애고 평화를 가져다주는 것일까?

에피쿠로스 학파는 자연에서 일어나는 다양한 현상들이 아무리 놀랍고 무서워도, 이해할 수 없는 신의 분노가 아니라 궁극적으로 원자와 자연의 조합에 의해 발생하는 것이라고 설명했다. 따라서 번개와 천둥소리가 울릴 때 지혜로운 사람은 당황하지 않는다. 제우스가 그에게 진노한 것이 아니라는 것을 알고 있으므로 느긋하게 물러앉아 "이 모든 것은 원자와 공기의 무작위적인 배열이다"라고 속으로 중얼거릴 것이다. 겁낼 이유가 없다. 철학자들은 또한 원자론의 장점으로 그 단순함을 꼽는다. 이들에 의하면 자연 속에 존재하는 모든 것들은 궁극적으로 오직 두 가지, 즉 원자와 그 조합으로 귀결되기 때문이다. 동시에 이 이론은 존재의 구성과 사라짐에 대한 결정적인 설명을 제공해준다. 즉 이 모든 것은 원자의 결합에 관한 문제이기 때문이다. 원자론의 이러한 위대한 이론적 성취로 미루어 볼 때, 누구도 원자를 보지 못했다는 사실은 이차적인 문제였다. 기본적으로 모든 것이 원자론을 통해 훌륭하게 설명되는 것이다! 그것이 가장 중요하다.

원자론은 19세기까지는 순전히 추측으로 남아 있었다. 어떤 철학자들은 원자론을 옹호했지만, 임마누엘 칸트와 같은 철학자들은 물질은 무한히 분리될 수 있다고 믿었으므로 원자론을 배척했다. 그 후 화학자들은 발전된 원자론이 실험실에서 발견한 이상한 현상들을 어느 정도 설명하고 있다는 것을 깨달았고, 원자론을 받아들이게 되었다. 19세기의 화학은 더 이상 분해할 수 없는 물질과 화합물을 구별하게 되었다. 철광석이나 녹슨 철 같은 특정 물질에서 원소를 분리할 수 있다는 사실은 원자론으로 충분히 설명할 수 있었다. 이러한 관점에서 볼 때 녹은 다른 원소의 원자에 철 원자가 달라붙어 만들어지는 것으로 능숙하게 처리하면 다시 분해될 수 있는 것이다. 이 같은 설명을 통해 원자론은 풍부하게 확장될 수 있었다. 실제로 정확히 같은 원소로 구성되었지만, 성질이 다른 쌍둥이 물질도 존재할 수 있다는 것을 설명해준다.

우리는 붉은 인의 존재를 알고 있지만, 흰색과 보라색 그리고 검은색의 인도 알고 있다. 이들 모두는 서로 완전히 뒤바뀔 수도 있지만, 각각의 성질은 매우 다르다. 흰색의 인은 독성이 강하지만 붉은색, 보라색, 검은색은 독성이 없다. 이러한 현상이 가능한 것은 위의 네 가지 물질이 동일한 원자로 구성되어 있지만, 각기 다르게 배열되었기 때문이다. 마치 신문의 그림을 현미경으로 볼 때는 네 가지 색의 점으로만 이루어져 있는 것 같지만 다른 형식으로 보게 되면 그 모양이 완전히 달라지는 것과 같은 이치다. 유기 화학 분야에서는 탄소 화합물과 관련된 원자론이 특히 인기를 끌었다. 다양한 화합물이 수소, 산소, 탄소와 같은 특정 원소에 의해 정확히 같은 질량으로 구성되어 있으면서도 전혀 다른 성질을 가지고 있는 경우가 종종 있었다. 이는 각 물질의 원자가 서로 다른 구조로 결합하고 있기 때문이었다. 건축학과 학생이었던 아우구스트 케쿨레는 이른바 구조의 공식을 최초로 고안해냈다. 이 공식은 어째서 같은 비율의 같은 요소로 이루어진 물질이 서로 다른지를 설명하는 데 사용되었다. 그의 공식은 특정 물질이 결합될 때 어떤 반응을 일으킬지 예측할 수 있게 해주었다.

그런데 일부 화학자들은 원자론을 아무런 의미가 없는 형이상학적 허튼소리로 여겼다. 예를 들어, 화학자 헤르만 콜베는 야코뷔스 반트호프가 쓴 원자론에 관한 논문인 《우주 속 원자의 축적》에 대한 리뷰를 쓴 바 있다. 콜베는 반트호프가 대학이 아닌 수의학 관련 직업학교에서 근무하는 사람이므로, 그의 이론이 아무런 가치가 없다는 황당한 논리를 길게 펼쳤다. 또한 화학 현상을 설명하는 데 있어서 원자와 분자의 역할을 다룬 내용에 대해서도 반박했다. 콜베는 이 모든 이론을 그저 환상이라 일축했다. 그는 반트호프가 '더 정확한 화학적 연구'에 관심이 전혀 없으며, '페가수스의 등에 올라

타' 오로지 상상력으로만 이루어진 원자의 왕국으로 질주하고 있다며 비웃었다. 또한 이러한 연구 세태를 경고하며 그 속에서 퇴보하고 부패한 '시대의 신호'를 볼 수 있다고 주장했다. 1877년, 콜베의 나이가 59세일 때였다.

그는 페놀과 이산화탄소로부터 아스피린의 전신인 살리실산을 인공적으로 처음 생산한 매우 성공적인 화학자였다. 콜베는 독일의 작센주에 있던 세계 최초의 화학 공장인 '헤이덴 화학 공장'에서 자신이 발견한 것들을 활용하여 살리실산을 생산했다. 거기다 아세틸렌도 만들었는데, 아세틸렌 제조법은 이후에 세계적으로 유명한 진통제인 아스피린의 제조로 연결되었다. 이 약의 개발로 콜베는 부를 얻게 되었지만, 그것이 그를 더 너그럽거나 사교적인 사람으로 만들어주지는 않았던 것 같다. 원자와 관련된 연구들은 그가 개발한 살리실산으로도 치유할 수 없을 정도로, 그에게 많은 두통거리를 안겨 주었다. 콜베는 그 후 몇 년 뒤에 세상을 떠났고, 이로써 훨씬 더 격렬한 두통을 가져올 상황을 겪지 않아도 되었다. 바로 자신이 비난했던 반트호프가 1901년에 노벨상을 받은 것이다. 그때는 원자론을 깎아내리는 학자들도 이미 극소수로 줄어 있었다. 원자론이 많은 현상을 일관되게 설명해주기 때문에 현대 과학에서 근본적인 중요성을 갖는다는 사실이 점점 더 분명해졌다.

그 결과 물리학자인 에드워드 안드라데는 20년 후에 다음과 같은 글을 썼다. “원자론의 승리는 현대 물리학의 전형이 되었다.” 많은 물리학자가 물질이 실제로 원자로 구성되어 있다는 것에 대한 인식과 포괄적인 원자론의 발전이, 물리학의 가장 위대한 업적이라고 믿고 있다. 그리고 이들은 거기서 한 걸음 더 나아갔다. 원자를 발견했을 당시에는 나눌 수 없다고 믿었지만, 실제로는 더 작은 요소인 양성자와 전자, 중성자로 구성되어 있다는 것을 발견한 것이다. 방사능의 발견으로, 원자는 서로 연결될 수 있을 뿐만 아니라 라돈이 우라늄 원자로 전환되는 것처럼 다른 원자로 변할 수도 있다는 사실이 밝혀졌다. 그것을 어떻게 설명할 수 있을까? 어떤 원소의 원자는 아주 특정한 다른 원소의 원자하고만 반응할 뿐이라는 현상을 어떻게 설명할 수 있을까? 반대로 어떤 원소나 귀금속, 특히 희귀가스 종류는 전혀 반응을 보이지 않는다는 것을 어떻게 설명할 수 있을까? 또한 화학과 전기 사이의 밀접한 관계를 어떻게 설명할 수 있을까? 원소가 다채로운 종류로 나누어진 것이 아니며, 주기적 요소 체계로 배열될 수 있다는 것을 어떻게 이해할 수 있을까?

물리학자들은 위의 질문에 가상의 원자 모델로 대응했다. 이들은 원자의 내부를 관찰할 수 없었기 때문에 상상력을 동원해야만 했다. 다시 말해 원자를 미세한 입자, 즉 원자 안에 있는 원자로 구성되어 있는 것으로 상상한 것이다. 처음에는 양전하를 띤 양자와 음전하를 띠는 전자라는 두 가지 유형의 입자가 존재하고, 그 두 가지가 합쳐져서 전기적으로 중립적인 원자를 형성한다고 추정되었다. 그러다가 이후에 많은 원자핵 속에는 전기적으로 중립적인 입자인 중성자가 존재한다는 것이 밝혀졌다. 가장 가벼운 원소인 수소는 양성자와 전자로 구성되어 있다. 또한 수소의 이웃인 헬륨은 두 개의 전자, 두 개의 양성자, 그리고 (일반적으로) 두 개의 중성자로 구성되어 있다. 그다음으로 무거운 원소인 리튬은 양성자 3개와 중성자 4개로 구성된 원자핵을 가지고 있다. 그리고 우라늄은 핵이 92개의 양성자를 포함하고 있으며 상당히 불안정하다. 각 화학 원소에는 일정한 수의 양성자, 중성자, 전자로 구성된 특정 원자가 포함되어 있다. 어떤 원소는 원자번호는 같지만 중성자 수가 달라서 서로 다른 종류라고 볼 수 있는데 이를 이른바 동위원소라고 한다. 그러나 핵에 포함된 양자의 수는 언제나 같고 각 원소마다 전형적이다.

원자의 구조를 보면 우리는 이들 원소가 무엇을 하고, 화학적으로 어떻게 작용하는지 기본적으로 예측할 수 있다. 모든 원자는 안정된 상태를 추구하는데 이는 보통 특정한 원자와 결합해야만 성취될 수 있다. 여기서 우리는 원자론에서 화학으로 이어지는 과정을 볼 수 있는데, 원칙적으로 이를 통해 왜 특정한 요소들이 다른 요소들과 연관되는 것을 좋아하는지를 설명할 수 있게 되었다. 핵물리학이 현대 과학에 이처럼 근본적인 의미를 갖는 것도 이러한 이유 때문이다. 원자가 존재한다는 것과 원자가 어떻게 만들어지는지를 알고 있는 사람은 그로 인한 수많은 현상을 설명할 수 있는 열쇠를 쥐고 있는 것이다.

지금까지 찰스 윌슨이 구름 유리병으로 실험을 하던 시기에 물리학과 화학이 도달한 지점에 대해 묘사했다. 그 당시에는 일단 원자와 아원자 차원의 의미는 모두 잘 알고 있었다. 단지 한 가지가 빠져 있었는데, 그것은 이 미세한 세상에서 무엇이 일어나는지를 실험적으로 관찰하는 방법이었다. 바로 이 지점에서 안개상자가 중요한 역할을 담당했다. 안개상자 덕분에 예전에는 간접적으로만 접근할 수 있었던 입자들을 처음으로 직접 관찰하는 것이 가능해졌다. 비행기가 하늘 위를 지나갈 때의 궤적과 같은, 너무 멀어서 볼 수 없었던 흔적을 이제는 가까이에서 볼 수 있게 된 것이다. 안개 속에 나타난 흔적은 신비한 무지개다리처럼 금세 사라진다. 하지만 그 짧은 순간에 하나의 그림이 등장하는 것이다.

그 방법은 양적 실험에도 적합했다. 1913년, 로버트 밀리컨은 안개상자와 매우 유사한 장치를 사용하여 처음으로 전자의 기본 전하량을 알아냈다. 또한 프랑스의 과학자 부부였던 프레데리크 졸리오퀴리와 이렌 졸리오퀴리는 실험을 통해 안개상자에서 처음으로 중

커다란 유럽식 거품상자 (1970년대)

성자를 발견했다. 이 같은 실험을 통해 물리학자 제임스 채드윅은 원자에는 전자와 양성자 외에도 중립적인 제3의 구성 요소인 중성자가 존재해야 한다고 결론지었다. 이로써 세상을 구성하는 세 가지 요소가 더욱 상세하게 연구될 수 있었고, 안개상자를 통해 그 실체가 직접적으로 증명되었다. 이들이 가진 의미는 절대 무시되지 않았다. 또한 소립자의 반응이 가시화되었는데 꾹 참고 관찰하다 보면, 날아다니는 알파 입자가 어떻게 원자에 튕겨 나가 당구공처럼 굴절

되는지를 관찰할 수 있었다. 그리고 두 개의 소립자가 어떻게 만나 하나가 되었는지도 처음으로 볼 수 있었다. 그뿐만이 아니었다. 물리학자들은 전자와 양성자 그리고 중성자 외에도 양성으로 충전된, 전자의 형제와 같은 양전자를 발견했다.

이미 언급한 바와 같이 1950년대부터 안개상자는 점차 새로운 방식으로 대체되었는데, 이 또한 안개상자의 변형일 뿐이었다. 위에서도 언급한 밀봉된 고압 용기인 거품상자에서도 안개상자와 비슷하게 미세한 입자의 궤적을 관찰할 수 있었다. 거품상자에는 끓는점 바로 아래 온도로 유지되는 물질이 채워져 있다. 만약 어떤 입자가 거품상자를 가로지르게 되면 관측할 수 있는 경로를 따라 거품이 형성된다. 원래의 안개상자에 비해 거품상자는 훨씬 복잡하다. 그래서 어떤 액체도 사용하지 않고, 영하 252도까지 식혀야 하는 수소를 사용한다. 수소는 폭발성이 높아서 적절한 예방책이 필요하다. 한 연구자는 거품상자를 관찰하는 것은 작은 창문을 달고 포구를 위로 향하고 있는, 물리학의 미래를 담고 있는 거대한 대포를 바라보는 것과 같다고 표현했다. 관찰 대상이 되는 입자들은 절대 진공 상태에서 이른바 거대한 가속기로 엄청난 노력을 통해 만들어진다. 카를로 루비아와 시몬 판 데르메이르는 여기서 W와 Z 보손(boson, 스핀이 정수(整數)인 소립자·복합 입자_역자주)을 발견했다. 윌슨에게는 여전히 조용한 명상의 장소였던 물리학자의 실험실은 쉭쉭 거리며 돌아가는 압축기와 거대한 자기 코일이 설치되고, 고성능 광학이나 광검출기가 인간의 눈을 대체하는 거대한 공장으로 점점 변해갔다.

우리가 꿈꾸는 것은:
고원으로 돌아가다

윌슨은 그의 고요한 안개상자가 세상에 빠르게 퍼져나가고 변형되는 것을 먼발치에서 바라보고 있었다. 그는 큰 연구팀의 수장 자리에 쉽사리 오를 수 있었지만, 계속해서 혼자 연구하는 것을 선호했다. 그를 매료시킨 것은 그저 구름과 안개였다. 구름과 원자는 보통 여러 차원으로 분리된다. 하지만 윌슨은 무한한 인내와 끈질긴 관찰을 통해, 원자 및 아원자 차원의 개별 사건이 안개의 흔적을 통해 묘사되는 접촉 구역을 처음으로 발견할 수 있었다.

1927년, 윌슨은 물리학자 아서 콤프턴과 함께 노벨 물리학상을 받았다. 노벨상 수상 파티에서 웁살라 대성당의 대주교인 나탄 세데르블롬은 윌슨의 연구 분야에 대해 자신은 아무것도 이해하지 못하고 있음을 고백했다. 하지만 그는 "윌슨은 원자의 개인적인 생활을 관찰하여 마치 번개나 혜성의 꼬리와도 같이, 그들이 품은 비밀의 한 자락을 우리에게 살짝 보여주었다"라고 표현했다. 그리 나쁘지 않은 요약인 셈이다. 윌슨의 동료 연구가였던 러더퍼드 경은 안개상자가 '과학 역사상 가장 독창적이고 놀라운 도구'라고 극찬했다. 그것은 두 가지 점에서 사실이다. 무엇보다도, 자연과학에서 가장 잘 알려진 도구인 현미경과 망원경은 최대한 투명한 매질인 유리로 만들어져 있다. 유리는 또한 플라스크와 시험관의 재료로서 화학자의 도구기도 하다. 생물학자들은 또한 동물을 관찰하기 위해 테라리움과 사육장을 설치할 때도 유리를 사용한다. 우리는 과학 실험실의 모든 곳에서 투명성의 상징인 유리를 볼 수 있다.

그런데 낭만주의자이자 스코틀랜드인이었던 윌슨은 투명성이 전부가 아니라는 것을 보여주었다. 흐릿한 안개 속에서도 우리는 무언가를 찾을 수 있는 것이다. 그런데 현대 과학의 모든 기발한 발명

아서 홀리 콤프턴(1892~1962), 찰스 윌슨(1869~1959), 나탄 소더블롬(1866~1931)

품 중에서 안개상자는 다른 의미에서 독창적인 부분이 있다. 대부분의 발명품은 최초로 아이디어를 낸 사람이 확실하지 않은 경우가 많다. 따라서 누가 아이디어를 먼저 고안해냈는지에 대해 종종 시비가 붙었다. 하지만 안개상자는 그렇지 않았다. 아무도 윌슨의 우선권에 도전한 적이 없다. 그를 제외한 누구도 이처럼 터무니없이 역설적이고 값싼 수단으로, 접근하기 어려운 자연의 미세한 차원으로 침투하려는 진지한 시도를 하지 않았을 것이기 때문이다. 안개상자는 구름과 스코틀랜드인 특유의 검소함과 참을성, 핵물리학과 같은 특이한 요소들이 결합하여 만들어진 것으로, 만약 윌슨이 그것을 발명하지 않았다면 아직 인류에게 알려지지 않은 채로 남아 있었을 것이라고 봐도 무방하다.

윌슨은 노벨상을 받은 직후, 목사의 딸이었던 부인 제시와 세 자녀와 함께 런던에서 자신들의 고향인 스코틀랜드로 돌아갔다. 거기서 윌슨은 시골집으로 이사했고 그가 몹시 사랑했던 조랑말을 포함한 여러 종류의 가축들을 키웠다. 그의 시골집에는 알제논이라는 이름의 커다란 토끼도 있었다. 그 토끼는 머리카락을 갉아 먹는 특이한 습성을 가지고 있었는데, 윌슨은 토끼가 자신의 머리카락을 갉아 먹는 것을 좋아했다. 90세의 노인이 되어서도 윌슨은 이따금 땅바닥에 납작 엎드려서 작은 친구가 노벨상 수상자의 머리카락을 즐겁게 갉아 먹도록 내버려 두곤 했다.

윌슨은 사생활 면에서는 뜬구름 잡는 사람에게 어울리는, 고요하고도 은둔적인 삶을 누렸다. 하지만 과학적으로는 매우 왕성한 활동을 했으며 벤네비스에서 그가 경험했던 두 번째 현상인 번개 연구에 몰두했다. 이전에 언급한 대로 높은 산에 올랐을 때 윌슨은 머리와 손에 세인트 엘모의 불이라는 현상을 경험한 적이 있었는데, 이는 번개가 임박했다는 매우 위험하고 명백한 신호였다. 윌슨은 즉시 내리막길로 도망쳐서 번개를 피할 수 있었다. 번개가 그의 등 뒤에서 내리쳤지만, 그 충격이 너무 강렬하여 윌슨은 잠시 정신을 잃었다. 그가 실험실의 유리병 속에서 안개를 통해 가장 섬세하고 순간적인 자연현상을 만들어낸다면, 거기서 발생하는 번개는 가장 극적이고 강력하며 실제적인 사건이라 볼 수 있다. 안개와 번개 둘 다

자연의 극단적인 현상으로, 윌슨의 자연 전체를 아우르는 관심 영역에 포함되어 있기 때문이다.

윌슨은 다행히도 산에서는 번개로부터 탈출할 수 있었지만, 어느 날 실험실에서 다시 번개에 붙잡히고 말았다. 실험하던 중 호기심으로 인해 허리를 굽히고 실험 대상을 바라보고 있던 윌슨은 고압 전류가 흐르고 있던 장치에 지나치게 가까이 다가갔고, 그것은 큰 소리를 내며 그의 이마에서 폭발했다. 윌슨은 곧장 바닥으로 쓰러졌고 저녁이 되어서야 깨어났다. 깨어나서도 그가 평소의 말투로 "어휴, 참!"이라고 탄식했는지 우리는 알 길이 없다. 아무튼 윌슨이 더 이상 소란을 피우지 않고 일어나 책상을 정리하고 전원을 끄고, 늘 그렇듯이 걸어서 집으로 걸어갔다는 증언이 있다.

윌슨은 안개상자를 발명했을 때와 마찬가지로 번개 과학자로서도 혁신적이었다. 그는 점차 번개에 대한 온갖 지식을 연구했고, 새로운 지평을 성공적으로 개척하기 시작했다. 윌슨은 이미 1920년대에 발표한 번개 이론에서 아직 알려지지 않은 새로운 번개의 존재를 예측한 바 있는데, 실제로 30년이 지난 후 그는 수많은 가지를 뻗으며 아래로 향하지 않고 위로 뻗어가는 주홍빛과 붉은빛의 번개를 눈으로 목격했다. 이 희귀한 종류의 번개는 도깨비불이라는 뜻의 코볼트 블리츠(kobold blitz)라고 불리며 영어로는 스프라이트(sprite)라고

번개의 종류

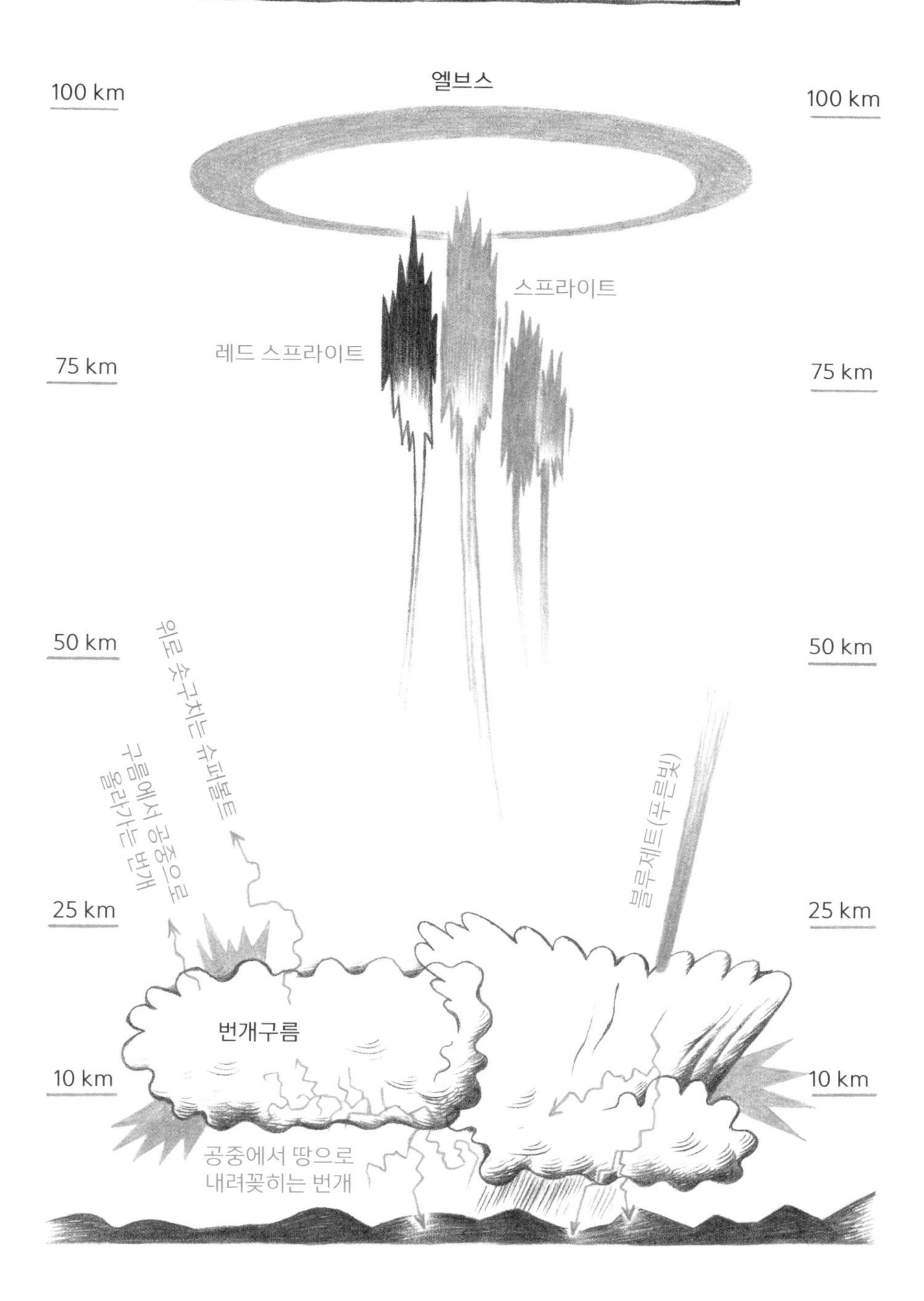

100 km
100 km
엘브스
스프라이트
레드 스프라이트
75 km
75 km
50 km
50 km
위로 솟구치는 슈퍼볼트
구름에서 공중으로 올라가는 번개
블루제트(푸른빛)
25 km
25 km
번개구름
10 km
10 km
공중에서 땅으로 내려꽂히는 번개

한다. 윌슨은 노인이 될 때까지 번개를 설명하는 포괄적인 이론을 연구했다. 현재까지 그가 출판한 서적은 번개 연구의 시금석이 되고 있다.

1955년, 윌슨은 상공에서 구름을 보기 위해 생전 처음으로 비행기에 올랐다. 이후 기상학자인 제임스 패턴은 다음과 같이 회상했다. "윌슨이 86세 때 에든버러 대학의 기상학과 학생들이 영국 공군과 함께 수업을 할 수 있도록 허락을 받았다는 소식을 듣고 나에게 묻더군요. '나도 기상학과 학생들과 그 수업에 참여할 수 없을까요?' 다소 나이 먹어 보이는 이 학생은 재킷 주머니에 지도와 샌드위치를 잔뜩 넣은 채 버스를 타고 공항으로 왔더군요. 비행 중에 그는 비행기 안에서 이쪽저쪽을 분주히 오가며 산과 호수를 내려다보고 구름을 구경하더군요. 한번은 비행기가 뇌우를 뚫고 날아가야 해서 우리는 그의 안전을 매우 걱정했지요. 그런데 전혀 걱정할 필요가 없었어요! 윌슨은 안전벨트를 매고 앉아서 사방에서 미친 듯이 요동치는 번개를 바라보고 있었는데, 비행기 안의 맹렬한 흔들림과 우당탕거리는 소리는 그에게는 전혀 문제가 되지 않았어요. 가까운 거리에서 뇌우를 보고 느낀 경험에 완전히 빠져 있었던 것이죠!"

윌슨의 마지막 작품은 벤네비스에 바친 것이었다. 젊었을 때 윌슨은 그 산 위에서 구름에 대한 사색에 몰두했다. 그리고 마지막

까지 구름 위의 방랑자로 살면서 원자의 세계로 향하는 창문을 열었다. 마찬가지로 안개상자에 관한 연구로 노벨 물리학상을 받았던 패트릭 블래킷은 기념사에서 윌슨이야말로 당대의 위대한 과학자 중에서도 가장 뛰어나고 다정할 뿐 아니라, 부와 명예는 깡그리 무시할 수 있는 사람일 것이라고 말했다.

"과학에 대한 그의 헌신은 자연에 대한 사랑과 그 아름다움을 진정으로 즐길 줄 아는 삶을 통해 힘을 얻었습니다."

윌슨의 구름과 안개 관찰이 현대 과학에서 물질의 구성 요소뿐만 아니라, 자연 전반에 대한 지식의 문을 열어주는 열쇠라고 할 수 있는 것은 바로 그 때문이다. 윌슨은 또한 자연 속에 존재하는 모든 것이 하나의 과정이라는 것을 생생하게 보여주는데, 단단한 돌조차 영원한 변화의 과정을 겪으며, 우리가 고요하다고 생각하는 공기도 실제로는 끊임없이 방사선의 방해를 받고 있다는 것이다. 이 방사선은 일부분만 지구에서 비롯되었을 뿐, 대개는 우주의 멀고 먼 곳에서 별의 폭발이나 행성끼리의 충돌로 인해 소나기처럼 쏟아진 것이다.

윌슨의 안개상자는 또한 우리 지구와 우주가 서로 밀접한 관계에 있음을 보여준다. 비록 더 이상 누구도 별이 우리의 운명을 지배하거나 혜성이 질병을 가져온다고 믿지는 않지만 말이다. 하지만 별에서 지구로 쏟아지는 보이지 않는 광선은 안개나 구름을 만들기도 하고, 번개와 같은 대기 중의 사건을 일으킬 수 있다. 또한 생태계도 이러한 우주 소나기의 영향을 받을 가능성이 있다. 태양과 태양계가 은하수의 방사 중심부에 접근하고 있으므로 그로 인해 방사선이 생물체의 게놈에 영향을 미칠 수 있고, 그 결과 더 많은 돌연변이가 생겨나거나 다른 형태의 진화를 일으킬 수 있기 때문이다. 물론 윌슨은 거기까지는 생각하지 않았다. 하지만 현대 과학에서는 이러한 가능성까지 염두에 두고 있다.

그래, 이것도 나쁘지 않아: 안개가 걷히고 있다

윌슨이 말한 것처럼 안개상자가 진정 스코틀랜드적인 발명품이었던 것은, 단지 건조한 연구실에 안개와 구름을 불러와 몽환적인 분위기를 만들었기 때문만은 아니었다. 그것이 스코틀랜드적이라는 것은 최소한의 노력으로 가장 효과적인 결과를 불러오기 때문이기도 했다. 이미 언급한 바와 같이 윌슨이 낸 유일한 추가 비용은 19파운드뿐이었는데, 유리관 두 개와 공기 펌프, 카메라 한 대와 분젠 버너로 이루어진 연구실에서 그는 원자로 이어지는 가장 멋진 지름길을 발견했다.

오늘날 핵물리학의 방법은 크게 바뀌었다. 안개상자와 본질적으로 같은 목표, 즉 새로운 소립자의 발견과 핵반응의 조사를 위해 만들어진 유럽 입자물리연구소의 '대형 강입자 충돌기'는 매년 약 1억 유로의 유지 비용이 든다. 이는 현재 세계에서 가장 비용이 많이 드는 과학 프로젝트이자 역대 가장 비싼 과학 프로젝트가 되고 있다. 영어로 LHC(Large Hadron Collider)라고 보통 불리는 이 거대한 장치는 연간 15만 가구가 사는 도시와 거의 같은 양의 전기를 소비하는데, 프랑스 원자력 발전소에서 액체 헬륨으로 냉각되는 별도의 전력선을 통해 전기를 공급받는다. 그리고 대형 강입자 충돌기를 설치할 터널을 건설하는 데만 수십억 스위스 프랑이 투입되었다.

이 장치도 노벨상을 받을 만큼 가치 있는 발견을 위해 사용되지만, 안개상자와 비교할 수 없이 많은 노력이 필요하다. 장치는 점점 더 커지고 있지만 그 결과가 항상 더 크고 더 중요한 것은 아니다. 오히려 물리학자들이 자연에 더 많이 개입하면 할수록 새로운 발견의 가능성은 더 희박해질 것이다. 여기에도 다른 모든 곳과 마찬가지로 '기능 저하의 법칙'이 적용된다. 즉 더 적은 것을 얻기 위해 점점 더 많은 것이 필요한 것이다. 과학의 모든 영역에서 일어나고 있는 '기술적 고도화'는 특히 유럽 입자물리연구소에서 잘 확인할 수 있다.

물리학은 항해술과 비슷하다. 스페인 남서부의 세빌이나 후엘바를 방문하여 콜럼버스가 아메리카 대륙에 도착할 당시에 타고 왔던 배의 복제품을 본다면, 그렇게 작은 배로 그토록 획기적인 발견을 했다는 사실에 놀라움을 금할 수 없을 것이다. 그 후 호주, 남극 대륙 또는 북극과 같은 새로운 해안에 대한 탐험은 그 방법 면에서 훨씬 더 정교해지고 시간과 비용도 더 많이 들어갔지만, 이들이 발견한 것은 아메리카 대륙의 발견과는 비교할 수 없는 것이었다.

이와 비슷하게 가장 간단한 방법으로도 과학 분야에서 즐거움과 지적 성취 그리고 관찰력이 결합된 근본적인 발견을 할 수 있다. 바로 윌슨의 안개상자가 훌륭한 예다. 윌슨이 만든 안개상자는, 물질에 대한 우리의 생각을 근본적으로 뒤바꾸는 데 기여했다. 그 후에 자동화된 안개상자가 만들어졌으며 결국에는 거품상자가 개발되었다. 이 거품상자는 극저온에서 동결된 폭발성이 큰 수소와 함께 작동했고, 이는 대형 강입자 충돌기로 이어졌다. 영국의 물리학자 피터 힉스의 이름을 딴 소립자 힉스 입자와 같은 새로운 발견은 이러한 거대한 실험 장치를 통해서도 여전히 가능하다. 그러나 이러한 발견에는 돈과 기술 그리고 인력 면에서 점점 더 큰 노력이 필요하다. 제네바에 있는 대형 강입자 충돌기를 이용한 연구 프로젝트에는 스코틀랜드 출신 과학자들을 포함하여 전 세계의 10,000명 이상의 과학자들이 참여하고 있다. 그러나 원자로 가는 가장 짧은 경로를 발견한 스코틀랜드의 괴짜 과학자라면, 거대한 기계로 자연과 씨름하기 시작한 현대 물리학에서 아마 오래 버티지 못하고 사라졌을 것이다.

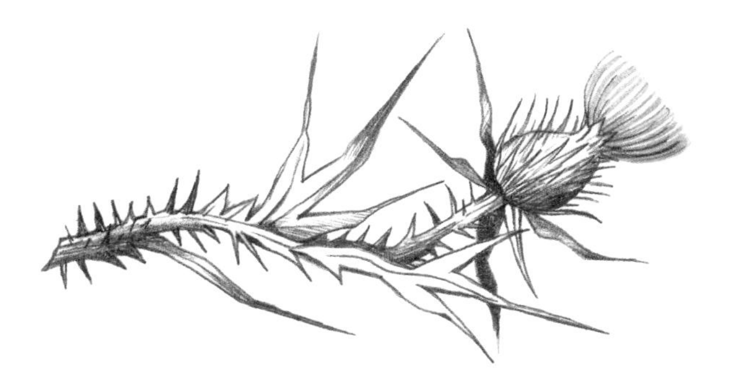

구름 실험

안개 속을 걷다

실험 환경: 안개 낀 날(예: 10월 말 또는 11월)

장비: 필요 없음

[1] 안개 낀 날은 안개의 역설적인 효과에서 비롯되는 특유의 분위기가 있다. 눈앞이 흐려져 시야가 감소하지만, 다른 한편으로는 공기가 천천히 움직이기 때문에 아주 작은 소리도 잘 들을 수 있다.

안개 낀 날은 비록 소소할지라도 흥미로운 관찰을 할 수 있다. 다음은 그에 대한 몇 가지 예다.

[2] 안개가 끼는 길 위에 서 있는 나무는 오로지 바람이 부는 쪽만 젖어 있는 경우가 많다. 이파리 뒤쪽은 마치 그림자처럼 말라 있다. 이 풍경과 유사하게 습한 바닷바람이 땅에 닿을 때도 비슷한 현상이 발생한다. 바다에서 불어오는 바람은 습기가 많다. 이 바람이 산에 부딪히면 습기가 공중의 장애물에 달라붙으면서 비가 온다. 반면 바람을 피한 산의 반대편은 대체로 훨씬 건조하다. 이러한 패턴은 미국의 로키산맥에서 가장 뚜렷이 나타난다. 이 산맥은 바다와 면한 지역에서는 많은 강수량을 보이며 세쿼이아 같은 거대한 나무들이 늘어선 숲으로도 유명하다. 하지만 산의 반대편은 아주 건조하다. 그곳에는 극심한 열기와 가뭄이 만연하는 죽음의 계곡 같은 지역이 있다.

[3] 길가에 놓여 있는 담배꽁초를 예로 들어보자. 담배꽁초가 길고 축축한 아스팔트 길이 놓여 있다. 담배꽁초는 불이 꺼졌다 하더라도 잠깐 그 속의 연기 입자를 방출한다. 습기가 그 입자들 위에서 응축된다. 이 같은 소규모 현상이 대규모로 확대된 현상을 볼 수 있다. 예를 들면 공기 중에 연기와 습기가 있는 곳이라면 어디든지 안

개가 자욱하다. 과거에는 일부 산업도시에서 짙은 스모그가 사라지지 않아서 몇 주 동안 태양을 거의 볼 수 없기도 했다. 다만 오늘날 적어도 중부 유럽에서는 다행스럽게도 공기가 과거보다 훨씬 깨끗해졌다.

이슬

실험 환경: 별이 총총하고 바람이 없는 밤을 보낸 이른 아침

장비: 필요 없음

[1] 밤에 온도가 내려갈수록 이슬이 생긴다. 특히 별이 총총한 밤에는 바람이 없을수록 이슬이 많이 맺힌다. 낮 동안 지표면에서 흡수한 태양열은 밤이 되면 다시 우주로 방출된다. 하지만 하늘에 구름이 많이 끼는 날에는 태양열의 방출을 줄어든다. 그리하여 땅이 상대적으로 온기를 유지하게 되는데 종종 그 온도가 너무 따뜻하여 이슬이 형성되지 않거나, 아주 소량의 이슬만 형성되는 결과를 가져오기도 한다.

[2] 반면에 달과 별이 총총한 밤에는 따뜻한 지구와 차가운 우주

공간을 구분하고 가려주는 구름이 없다. 그래서 온도가 더 내려가고 으슬으슬 추워진다. 그런 밤에는 이슬이 많이 맺히거나, 공기가 너무 건조하지 않으면 서리가 내린다. 이처럼 별이 총총한 밤과 시적인 느낌을 품은 이슬과의 연관성으로 인해, 수 세기 동안 많은 사람이 이슬은 별에서 직접 발생하는 매우 특별한 종류의 물이라고 믿어왔다. 독일의 흔한 야생식물인 톱풀 위에 은빛으로 반짝이는 이슬이 주근깨 치료에 큰 도움이 된다는 속설도 그렇게 생겨났다. 또한 연금술사들은 아침에 이슬로 뒤덮인 초원 위에서 천으로 이슬을 모아 그것을 짜내서 '천상수(天上水)'를 모으곤 했다.

[3] 하지만 이슬이 별에서 직접 떨어지지 않고 땅 가까이에서 형성된다는 사실은, 이슬이 어디서나 같은 형태를 보이지 않는다는 것을 통해 알 수 있다. 이슬은 매우 구체적인 분포 형태를 보여준다. 가령 풀잎 끝에 굵은 이슬방울이 맺히는 경우가 많은데, 이슬이 정말로 별에서 떨어진 물로 이루어졌다면 이러한 현상을 설명하기 어려울 것이다. 반면에 이슬이 추운 곳에서 많이 형성되며, 이슬이 맺히는 장소가 가장 빨리 열이 달아오르면서도 가장 빨리 식는 곳이라고 가정해보자. 그러면 이 모든 것이 쉽게 설명된다. 풀잎 끝에서 열은 사방으로 자유자재로 방출된다. 풀잎은 질량이 부족하므로 많은 열을 저장하지 못한다. 따라서 손가락 끝이나 코끝과 마찬가지로 풀

잎 끝에서는 열이 매우 빠르게 식는다.

스코틀랜드 이슬 연구자 윌리엄 찰스 웰스는 다음과 같이 말했다. "하늘이 더 선명하게 보일수록 더 많은 열이 우주의 방해 없이 방사되고 그만큼 더 빨리 식는다." 이슬이 어디서 어떻게 발생하는지를 자세히 살펴보면 온도 차이를 확인할 수 있다. 겨울철에 형성되는 서리도 마찬가지다. 추위에 예민한 식물을 보호하기 위해 정원사가 그 위에 나뭇가지 몇 개를 얹어두는 것도 같은 원리다. 이들 나뭇가지는 열복사를 멈춤으로써 식물들이 얼어 죽는 것을 막아준다. 물론 장미 위에 나뭇가지 몇 개를 얹어둔다고 그것이 정말로 장미를 덥히지는 않겠지만, 어느 정도는 그와 같은 효과를 가져올 수 있다. 사실 안개가 대체로 탁 트인 목초지에서 먼저 형성되는 것은 우연이 아니다. 초원에서는 땅이나 공기가 숲보다는 훨씬 빠르게 식기 때문이다.

[4] 안개 속에 서 있는 자동차들은 대체로 이슬로 뒤덮여 있다. 하지만 이슬이 고르게 맺혀 있는 것은 아니다. 자동차 후드 부분에는 종종 이상한 무늬의 이슬을 볼 수 있는데, 이를 통해 이슬이 언제 내렸는지를 알 수 있다. 또 날씨가 추울수록 더 많은 수분이 자동차에 엉겨 붙는다. 또한 자동차의 강철판이 얇을수록 온도가 빨리 내려가고, 서리가 녹는 속도도 더 빠르다. 반면에 두꺼운 강철판이 설치된 곳에는 이슬이 거의 없거나 아예 없다. 왜냐하면 금속도

토양과 마찬가지로 열을 저장하기 때문이다. 이런 장소들은 더 천천히 식는다. 후드 아래에는 대부분 보강재가 있는데 이슬이 내린 아침이면 그 흔적을 더욱 선명하게 볼 수 있다. 이슬은 또한 열 카메라와도 같이 보이지 않는 것을 보이게 한다는 사실이 밝혀졌다. 추울수록 이슬이 많이 맺힌다. 이 원리는 차의 후드뿐 아니라 풍경에도 적용된다. 비행기에서 들판을 내려다보는 고고학자들은 이슬의 발자취를 따라가서 역사적인 흔적들을 발견하곤 한다. 유적지가 있었던 벽 위에는 다른 곳보다 더 많은 이슬이 맺혀 있는 것을 볼 수 있다.

[5] 이슬 관찰을 통해 흥미로운 점을 찾아내는 것은 자연학자나 식물학자만의 일이 아니다. 운전자도 이슬에 주의를 기울여야 한다. 가령 다리 위는 나머지 도로보다 온도가 더 낮다. 위아래로 열이 식기 때문이다. 다리가 얼게 되면 어떤 도로보다 위험한 구간이 되는데 그곳에서 블랙아이스라 불리는 가벼운 빙판이 형성되기 때문이다. 이러한 이유로 스위스와 같은 나라에서는 다리에 히터를 설치한다.

빛 + 혼탁도 = 색상

실험 환경: 집, 저녁 시간

장비: 바닥 청소용 세정제와 맥주잔과 같은 기다란 유리잔, 물, 손전등

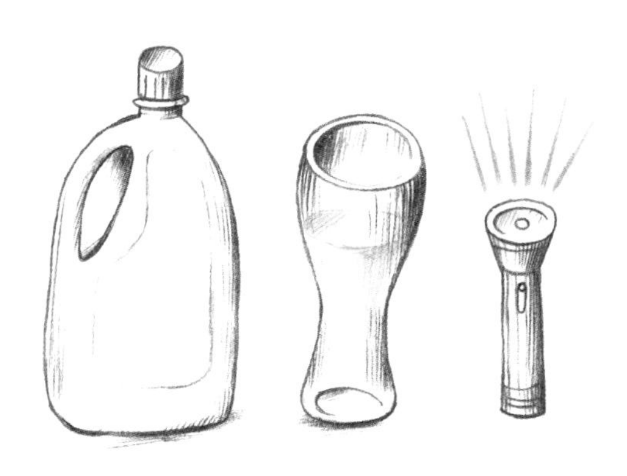

[1] 스코틀랜드의 안개 연구자들은 현대의 물리학자들이 얘기하는 것처럼 대기를 탁하게 만드는 요소들, 먼지나 미세한 고체 입자 등이 단지 해롭기만 한 것은 아니라는 것을 보여주었다. 이들은 비록 공기의 투명성을 떨어뜨리기는 하지만 지구상의 모든 생물체에 매우 중요하다.

[2] 만약 지구의 대기가 탁하지 않고 투명하기만 하다면, 낮에는 가차 없이 뜨겁게 타오르는 검은빛의 태양을 갖게 될 것이다. 밤에는

안개나 구름이 열복사를 감소시키지 않으므로 온도가 급속도로 냉각되어 몹시 추울 것이다.

[3] 우리가 그처럼 지나치게 검거나 밝은 무자비한 하늘을 면하게 된 것은, 바로 공중의 기체와 미세한 입자 그리고 물방울과 먼지 덕분이다. 이들 미세한 입자들은 사실상 빛을 끌어들인다. 이러한 방법으로 공기 속의 흐릿한 요소들은 직접적으로 방사선을 부드럽게 만들 뿐만 아니라, 빛을 더 고르게 퍼지도록 하고 그늘진 곳을 지내기에 쾌적한 공간으로 만든다. 그뿐만이 아니다. 하늘의 색깔, 특히 해가 뜨고 질 때의 풍경은 바로 미세 입자들의 작품이기도 하다.

[4] 이 미세하고 흐릿하며 얇은 '어떤' 층만이 오로지 하늘빛과 석양빛, 그리고 그사이의 무수히 많은 뉘앙스를 표현할 수 있기 때문이다. 찰스 윌슨이 스코틀랜드 안개 연구자 존 아이켄의 후계자로서 원래 연구하고자 했던 것은, 바로 이처럼 매혹적인 현상들이었다. 윌슨은 수증기로 실험을 했지만, 사실 물속에서 미세한 입자가 정지된 상태에서 실험을 수행하기가 더 쉽다.

[5] 기다란 맥주잔에 물을 채운 다음 세정제를 약간 넣는다. 흐려진 유리잔 옆에 불을 밝히고 어두운 배경을 바라보라. 그것은 푸르

스름하게 빛난다. 손전등을 유리 바닥에 대고 위에서 바라보면 빛이 주황색에서 붉은색으로 나타날 것이다. 세정제를 더 첨가하면 탁도가 증가하면서 색이 더 진해지는 것을 볼 수 있다.

[6] 괴테는 이 현상을 색채론에서 '최초의 전조 현상'이라고 불렀다. 옆에서 빛을 발하는 탁하지만 투명한 매체는, 마치 검은 우주를 배경으로 한 하늘처럼 어두운 배경에서 푸른색으로 보인다. 푸른 눈의 홍채는 이와 같은 효과에 의해 푸른색을 띠게 되는데, 홍채 색소는 실제로는 검은 물질로서 미세하게 갈라진 멜라닌이기 때문이다.

[7] '두 번째 전조 현상'은 처음 현상과는 반대로 나타난다. 탁한 매체를 통해 빛을 들여다보면 그것은 붉은색이나 주황색으로 보인다. 이 일차적 현상은 또한 하늘을 관찰할 때 가장 잘 볼 수 있다. 해가 질 무렵에 우리는 두꺼운 공기층을 통해 붉게 물든 석양을 볼 수 있다. 공기가 탁할수록 붉은빛이 더욱더 진해진다. 화산 폭발이나 큰 산불이 난 후에, 심지어 대기 오염이 심한 도시에서도 해 질 무렵 하늘이 강렬한 색깔로 변하는 것을 볼 수 있다. 괴테는 바닥 청소용 세정제가 아니라, 어두운 바탕을 배경으로 우윳빛 반투명 유리를 들어 관찰함으로써 그러한 현상을 연구했다. 그 빛은 파랗게 보이거나 촛불 앞에서는 붉게 보이기도 했다. 그가 실험에 사용한 유리는 지

금도 바이마르에 있는 괴테의 생가에서 볼 수 있다. 괴테는 자신이 쓴 시를 통해서도 전조 현상의 아름다움을 묘사했다.

> 온통 부연 것을 태양 앞에 비추면
> 가장 근사한 보랏빛 아름다움을 볼 수 있다.
> 탁한 빛의 구렁텅이에서 빠져나오려 애쓰던 빛은
> 드디어 붉은 빛을 발하기 시작한다.
> 부옇고 탁한 공기가 증발하고 새로운 길이 등장하며
> 붉은색은 옅은 노란색으로 변한다.
> 그리하여 마침내 공기는 깨끗하게 개이며
> 마치 처음처럼 순백의 빛이 감싸며
> 어둠 앞에서 우윳빛 회색으로 변하며
> 태양 빛이 비칠 때 푸른빛으로 변한다.

[8] 대기 물리학자의 관점에서 볼 때, 괴테의 색채론이 수학적으로 가장 멋진 설명을 제공하는 이론은 아니다. 하지만 적어도 우리는 그것이 우리가 직접 관찰한 것을 훌륭하고 정확하게 요약하고 있다는 점은 인정하지 않을 수 없다.

커피 증기

실험 환경: 저녁

장비: 매우 뜨거운 핸드 드립 커피 한 주전자, 강력한 손전등, 수프 접시 또는 납작한 그릇

[1] 엷은 안개는 순수한 공기보다 미세한 입자를 포함한 살짝 탁한 공기에서 훨씬 빨리 형성된다. 이는 스코틀랜드의 안개 연구자 존 아이켄이 발견한 것 중 하나다. 아이켄은 런던에서 스모그 연구를 하던 중, 밀도가 높고 독성이 강한 안개가 보통 아침 일찍 석탄 난로에 불을 피워서 연기가 나오는 시점에 많이 형성되는 것을 확인했다. 이 두꺼운 연기 층은 둥근 지붕 형태로 대기를 둘러싸고, 태양 광선이 지상에 도달하는 것을 막아서 오후까지 대기층에 머물렀다. 그렇게 되자 태양은 마치 흐린 하늘에 떠 있는 붉은 반점처럼 보였

고 차갑고 흐릿한 공기가 온 도시를 짓눌러 시민들을 괴롭혔다. 지금까지도 이러한 스모그는 아시아의 많은 도시에서 볼 수 있다. 런던에서는 스모그의 원인으로 밝혀진 석탄의 사용을 규제했기 때문에, 스모그 현상이 최근에는 거의 사라졌다. 다음 실험을 통해 그 연관성을 쉽게 볼 수 있다.

[2] 뜨거운 커피를 수프 접시에 담는다. 커피를 사용하여 배경을 어둡게 만들어서 빛의 현상이 더 쉽게 보이도록 하는 것이다. 김이 나는 커피의 표면 위로 손전등을 들어 평평하게 빛을 비춘다. 마치 짙은 안개가 컵 위로 솟아오르는 것 같은, 커피 위로 김이 나는 현상은 사실 매우 복잡하고 다변적인 과정이다. 처음에는 안개의 층이 커피 표면 바로 위에 머무르다가 그 층이 갑자기 일정한 경로를 따라 움직이게 된다. 간혹 커피를 입으로 불 때, 사방팔방으로 김이 흩어지며 그 패턴이 새롭게 형성되는 것을 볼 수 있다.

[3] 이제 안개를 만들어 보자. 성냥을 켜고 불을 끈 다음에, 커피가 담긴 접시 위로 연기를 내뿜는다. 즉시 많은 증기가 생성되는 것을 볼 수 있다. 이때 연기 입자는 수증기를 응결시키는 매체로 작용하여 전보다 훨씬 더 많은 안개가 형성되도록 한다. 이 효과는 스모그의 원인이기도 하다. 스모그(smog)는 스모크(smoke)와 포그(fog)의 합성어다.

물병 속의 구름

실험 환경: 부엌

장비: 플라스틱병, 성냥

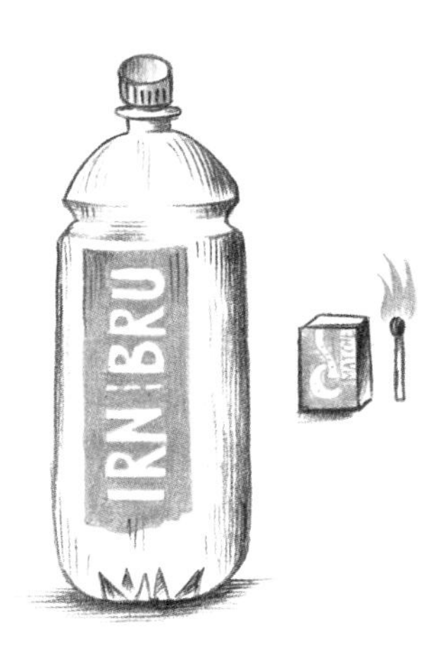

[1] 플라스틱병에 물을 약간 붓고 흔든다. 성냥에 불을 붙이고 끈 다음에 즉시 플라스틱병에다 넣는다. 뚜껑을 다시 잠근다(곧바로 꺼질 것이 확실하다면 성냥을 불이 붙은 채로 플라스틱병에 넣어도 된다).

[2] 플라스틱병을 힘차게 눌렀다가 다시 놓는다. 상당한 양의 안개가 형성된다.

[3] 성냥불 없이 이 모든 과정을 다시 해본다. 안개가 나타나긴 하

지만 훨씬 약하다.

[4] 물을 회전시키면 거기서 수증기가 발생해 공기 중으로 나간다. 처음에는 수증기가 보이지 않는다. 그 다음 손으로 병을 누르면 병 안쪽의 압력이 증가한다. 손을 놓았을 때, 압력이 갑자기 다시 떨어지고 수증기가 응축된다. 위와 같은 이유로, 산봉우리에서 구름이 만들어지는 경우가 많다. 습기를 잔뜩 머금은 공기가 위로 밀려 올라가지만, 꼭대기의 압력이 훨씬 낮아서 수증기가 응축되어 구름을 형성하는 것이다.

[5] 이 방법은 찰스 윌슨이 만든 안개상자의 원형이기도 하다. 그는 1911년에 아원자 차원의 흔적을 목격한 최초의 인간이었다. 윌슨은 플라스틱병을 사용하지 않고 유리병을 사용했지만 같은 원리로 작동했다. 수증기로 포화된 공기는 갑자기 팽창하면서 자연스럽게 안개가 형성된다. 이 때문에 윌슨의 안개상자를 팽창형 안개상자라고 부르기도 한다. 팽창형 안개상자는 냉각 과정이 필요 없는데 커다란 장점이기도 하다. 또한 짧은 기간만 민감한 반응을 보인다. 우리가 잠시 후에 만들 안개상자는 방사형 안개상자다. 이는 지속적으로 작동이 가능하다.

스코틀랜드식 안개상자

실험 환경: 저녁이나 밤

장비:

- 탄산수 제조기(수돗물에서 탄산수를 만드는 데 사용되며, 이때 탄산 카트리지가 신선해야 한다) 혹은 드라이아이스 제조기. 드라이아이스 제조에 필요한 온도 조건은 영하 79도이므로 이 장비는 실험에 필수적이다. 드라이아이스를 구입하거나 온라인으로 주문(약 200g이 필요하다)한다면 드라이아이스 제조기는 필요 없다. 드라이아이스는 스티로폼 박스에 보관하면 1~2일 정도 사용할 수 있다. 주의: 드라이아이스 취급 시 항상 환기에 신경 쓰고 밀폐된 방에 보관하지 마시오!! 드라이아이스를 너무 오래 손에 쥐고 있으면 손가락에 동상이 생길 수 있으므로 만지는 건 아주 잠깐으로 제한하라.
- 각설탕 크기의 작은 컬럼바이트 조각(방사성 동위원소의 첨가로 대부분 약한 방사능이 포함되어 있다). 컬럼바이트는 인터넷 광물 제품 사이트에서도 살 수 있다. 컬럼바이트는 학교에서 약한 방사능 샘플로도 자주 사용된다. 현행 방사선 방호법에 따르면, 방사선량이 너무 약하기 때문에 컬럼바이트의 취득과 사용은 '허가 대상'이 아니다. 컬럼바이트를 대신하여 우라늄이 함유된 유리(일부 산화 우라늄이 포함된 녹색을 띤 유리)를 사용할 수 있다. 이 재료는 자외선에 형광 투시되므

로 쉽게 알아볼 수 있다. 또한 안전을 위해 우라늄 유리와 컬럼바이트는 일회용 라텍스 장갑으로 다루고 사용 후에는 버려야 한다.

- 개똥을 주워 담는 검은 비닐봉지 혹은 검은색 쓰레기봉투. 검정색이라면 다른 비닐봉지도 가능하다. 금속 판지나 나무 판지, 종이는 적합하지 않다.
- 위스키(가능한 한 높은 도수의 위스키). 위스키의 농도는 보통 40%다. 그러나 술통에서 발효된 원액과 같은 고농도 위스키도 출시되고 있다. 이런 종류의 위스키는 물에 희석하지 않고 통에서 바로 따라서 상품으로 만든다. 이들 위스키는 상표마다 다르긴 하지만 대체로 60~79% 정도의 알코올을 함유하고 있다. 위스키가 없으면, 메틸화 알코올이나 손 소독제로 사용되는 이소프로필 알코올 등도 이용할 수 있다. 단 주의해야 할 것은 고농도의 알코올은 인화성이 높으므로 불 가까이에서 취급해서는 안 된다!
- 보통 크기의 스티로폼 접시. 스티로폼은 주로 포장재로 쓰이는 재료다. 폴리스타이렌으로 보호해주지 않으면 드라이아이스는 더 빨리 사라지고 원자쇼도 더 빨리 끝나버릴 가능성이 크다.
- 기다랗고 투명한 위스키잔 또는 긴 맥주잔. 와인잔도 가능.
- 거친 리넨 또는 합성 원단으로 만든 행주
- LED(손전등)
- 일회용 라텍스 장갑

실험 환경: 환기가 잘 되는 어두운 방

[1] 즉시 사용할 수 있도록 방사성 물질을 포함하여 장비를 사전에 완벽하게 준비해 둔다.

[2] 안개상자는 방사성 물질이 없어도 여러 곳에서 작동한다. 여기서 자연적으로 발생한 물질에 의한 방사성 붕괴의 흔적을 볼 수 있다. 통풍이 거의 되지 않는 지하실에는 비교적 많은 양의 방사능이 존재하는데, 특히 콘크리트 바닥이 아닌 경우에는 방사능 가스인 천연 라돈이 축적되어 있기 쉽다. 이런 종류의 지하실은 실험 결과를 분명하게 볼 수 있다는 점에서 안개상자 실험에 적합하지만, 다른 한편으로는 몸에 해로운 라돈을 방출한다는 점에서 문제가 있다고 볼 수 있다. 아무리 자연 성분이라 하더라도 크게 도움이 되지 않는다.

[3] 따라서 소량의 방사성 물질로 실험에 임하기가 더 쉽고 안전하다. 예를 들어 작은 컬럼바이트 조각이나 우라늄 유리가 괜찮다고 볼 수 있다. 이 물질들은 부스러지지 않고 방사능도 매우 낮다. 그럼에도 불구하고 반드시 라텍스 장갑을 착용하여 물질이 피부에 닿지 않도록 해야 한다. 이 물질들과 직접 접촉하는 모든 것과 마찬가지

로, 장갑도 실험이 끝난 후에는 폐기물 쓰레기통에 넣어야 한다.

[4] 장비를 모두 갖추고 나면 안개상자를 만드는 것이 어렵지 않다. 위스키를 잔에 약간 붓고, 빙빙 돌리다가 그 위스키를 다른 잔에 붓거나 다시 병에 담는다.

[5] 이제 탄산수 제조기를 거꾸로 들고 버튼을 누르면 끝에서 안개 가득한 가스가 나온다. 행주로 작은 가방을 만들어 노즐 주위를 손으로 단단히 잡고, 이산화탄소를 30초에서 1분 정도 넣는다. 그러면 행주 내부에 상당한 양의 김이 오르고 안개가 낀다. 행주로 만든 가방을 부드럽게 열더라도 안에서 아무것도 떨어지지 않는다! 그 안에는 약간의 이산화탄소 눈이 형성되어 있다. 이 눈을 조심스럽게 다룰 필요가 있다. 물집이나 동상이 생길 수 있으므로 눈을 손으로 잡아서도 안 된다. 그런 일이 생긴다면 즉시 알아차릴 수 있으니 손에서 놓아야 한다. 폴리스타이렌 접시에 눈이 담긴 행주를 올려놓는다. (드라이아이스를 구입했다면 행주에 놓고 가벼운 망치로 두드려서 눈 모양에 가깝도록 가루를 낸다.) 행주 위에 있는 눈을 두드려서 최대한 평평하게 하되 너무 얇게 펴두지 않도록 한다. 그 위에 검은 비닐봉지를 덮고 맥주잔을 거꾸로 놓는다. 흔들릴 경우를 대비해서 잔을 손으로 잡고 방을 어둡게 한다. 그다음 손전등을 비닐봉지와 평행하게 비춘다.

위스키와 함께 원자의 세계로

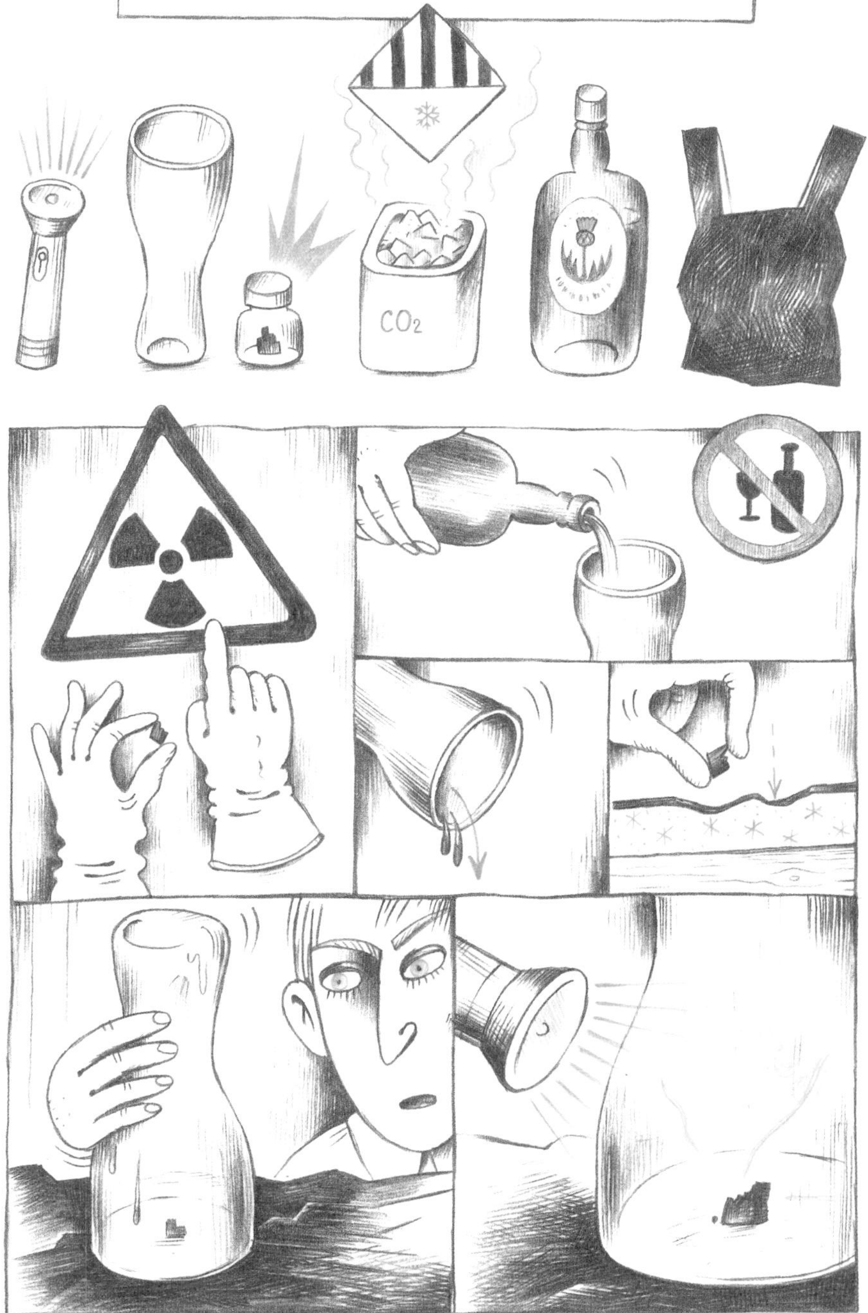
CO2

[6] 이제부터 조금만 참을성을 가지고 관찰하다 보면 검은 바닥을 스치듯 가로질러 빠르게 사라지는 직선들을 간혹 볼 수 있다. 이는 대부분 라돈의 붕괴에 따른 흔적들이다. 하지만 안개상자가 제대로 보이지 않거나 아무것도 나타나지 않는다면 살짝 손을 쓸 필요가 있다. 일단 컬럼바이트(또는 우라늄 유리)를 비닐봉지에 놓고 다시 유리를 덮는다. 그런 다음 손전등으로 평평하게 불을 비추어라.

[7] 냉각기가 몇 분 정도 지난 다음, 컬럼바이트에서 나와서 상자 안을 휘젓고 다니는 안개의 흔적을 볼 수 있을 것이다. 이것은 방사능 붕괴의 흔적으로, 우리는 소위 알파 입자라고 한다. 여기서 개별적인 소립자의 궤적과 붕괴하는 소립자의 흔적을 볼 수 있다. 소립자는 원자보다 더 작은 입자다. 이들은 원자를 형성한다. 또한 원자를 운반하므로 지나가면서 물 분자의 균형을 흐트러뜨리기도 한다. 그 결과 이것들이 서로 엉겨 붙어 미세한 물방울을 형성하기도 한다.

[8] 물론 매우 원시적인 이 안개상자는 문제의 소지도 많다. 종종 공기가 유리 가장자리와 비닐 사이에 침투하여 그곳의 시야를 가리기도 한다. 하지만 안개상자는 가장 기본적인 방식으로 안개 효과를 보여주는 데 특화되어 있다. 당연히 노력을 기울이면 더 정확한

원자의 궤적을 볼 수 있을 것이다.

[9] **결론:** 실험이 끝나면 검은 비닐봉지를 버리고, 맥주잔은 깨끗이 닦아서 재사용할 수 있다. 비닐이나 맥주잔이 컬럼바이트에 닿지 않았다면 오염되지 않았다고 볼 수 있다. 컬럼바이트를 손으로 만지지 말고 라텍스 장갑으로 보관함으로 옮기기 바란다. 비록 금지된 것은 아니지만, 컬럼바이트가 필요 없다고 해도 그것을 쓰레기통에 버려서는 안 된다. 차라리 학교의 화학 선생님이나 물리학 선생님에게 드리면 기꺼이 받아서 유용하게 사용하실 것이다.

이 실험은 '일상의 주기율표' 시리즈로 유튜브에서 볼 수 있다 (독일어로 나오지만 실험 과정 및 결과를 확인할 수 있다).

거품상자의 원리

실험 환경: 부엌 식탁

장비: 소다 한 잔, 소금 약간

[1] 안개상자는 1950년대부터 거품상자로 점차 대체되고 있다. 거품상자에선 원자 및 아원자 차원에서 일어나는 작은 사건들이 어떤 궤적도 유발하지 않는다. 오히려 액체에서 발생하는 미세한 거품이 끓는점에 가까운 온도에 형성된다.

[2] 간단한 예를 통해서 원리를 이해할 수 있다. 소다 한 잔에 소금을 약간 넣으면 잔 전체에 심한 거품이 일어난다. 탄산음료에는 병이 열자마자 바로 빠져나가는 탄산이 들어 있기 때문이다. 소금을 넣으면 훨씬 더 많은 거품이 형성되는데, 왜냐하면 소금 결정이라는 작은 마찰 요인이 이산화탄소가 잔 밖으로 나오는 데 큰 역할을 해주기 때문이다. 끓어오르기 직전의 물에 소금을 첨가할 때도 비슷한 효과를 볼 수 있다. 심지어 물이 거품을 내기도 할 정도이다.

[3] 여기엔 화학반응은 없다. 이 현상은 단지 작은 마찰 요소로 인한 것이며 모래로도 같은 효과를 얻을 수 있다. 단 모래는 물에 녹

지 않는다.

[4] 날아다니는 아원자 입자는 작은 소금 결정과 유사하게 작용한다. 거품상자는 사진에 찍힐 정도로 눈에 보이는 거품 입자를 만들어낸다.

광륜

실험 환경: 산 위, 혹은 비행기 안

장비: 없음

광륜은 안개나 구름에 그림자가 드리워질 때 가끔 나타나는 원형의 빛 현상으로 무지개처럼 보인다(43쪽 참조). 가끔 구름층 위에 서 있을 때 그 위로 당신의 그림자나 산의 그림자가 드리우면 이런 현상을 볼 수 있다. 광륜을 볼 수 있는 또 다른 드문 상황으로 비행기 안을 들 수 있다. 비행기 안에서 창문을 통해 비행기의 그림자에 주의를 기울여 보라. 비행기의 그림자가 구름층 위로 드리울 때 광채가 나기도 한다.

우리 눈과 미시적 세계: 1센트 동전

실험 환경: 테이블 또는 야외에서

장비: 1센트 동전

[1] 1m의 1000분의 1은 1mm, 1mm의 1000분의 1은 1μm(마이크로미터)며 1μm의 1000분의 1은 1nm(나노미터)다. 원소는 그 크기가 보

통 0.1nm 정도 된다. 일상 생활에서 우리가 사용하는 단위는 밀리미터까지고 마이크로미터나 나노미터와 같은 단위는 광고 책자에서 과학적 진보의 상징으로만 사용될 뿐이다. 그렇다면 우리가 가까스로 알아 볼 수 있는 가장 작은 단위는 밀리미터라는 것인가? 사실 우리는 우리의 감각을 과소평가하고 있으며 그 범위는 생각보다 넓다. 마이크로미터 단위도 우리의 눈으로 볼 수 있기 때문이다.

[2] 1센트짜리 동전을 예로 들어보자. 지름이 1.6cm이다. 1이라는 숫자가 써져 있는 앞면에는 유럽을 볼 수 있는 지구본이 그려져 있다.

[3] 이 지구본 양쪽에는 각각 지름 0.5밀리미터, 즉 500마이크로미터 크기의 별표가 6개 있다. 각각의 별표 아래에는 작게 튀어나온 점이 있는데, 빛 아래에서 동전을 약간 앞뒤로 돌리면 그 모양을 보다 선명하게 볼 수 있다. 이 튀어나온 점을 만질 수도 있다. 나는 그 크기를 현미경으로 정확하게 측정해 보았는데 그것은 정확히 54 마이크로미터의 직경을 가지고 있었다. 1밀리미터의 100분의 5에 해당하는 마이크로미터 크기라니! 우리가 이렇게 작은 모양을 여전히 감지할 수 있다는 것이 놀랍지 않은가? 그런데 알고 보면 우리는 더 작은 것들도 볼 수 있다.

눈과 미세 단위의 세계: 현미경 없이 볼 수 있는 혈액 세포

실험 환경: 파란 하늘

[1] 의자, 테이블, 스크린, 접시, 칼, 포크 등을 구분하는 것처럼 우리는 사물의 세계를 눈으로 보며, 눈은 사물을 알아보는 기능을 담당하고 있다. 우리는 움직이는 사물이나 사람에 더 많은 주의를 기울이는데 그것들이 세상에 변화를 가져오기 때문이다.

[2] 우리는 눈으로 믿을 수 없을 정도로 작은 것들을 감지할 수 있다. 예를 들어, 눈의 정맥을 통해 이동하는 개별적인 혈구도 볼 수 있다. 사실 사람들은 이를 전혀 자각하지 못한 채 눈 속의 혈구를 보아왔다.

[3] 이러한 특별한 현상은 근대 생리 의학의 창시자인 오스트리아의 자연학자 요한 푸르키녜에 의해 발견되었다. 1819년, 푸르키녜는 자신의 박사학위 논문에서 처음으로 혈구를 보는 것에 대해 저술했다. 푸르키녜는 어떤 시각적 편견에 사로잡히지 않은 아이처럼 실험에 임했다. 마치 무엇이 중요하고 중요하지 않은지를 모르는 것처럼 세상을 바라봤다. 푸르키녜가 설명한 것처럼 아이들은 실험을 좋아

한다. "모든 순간이 새로운 발견을 동반하고 세상의 풍요로운 모습을 보여준다. 무엇보다 아이들은 경쾌한 빛의 자취를 따라 매혹적으로 펼쳐지는 세상 속으로 기꺼이 풍덩 뛰어든다." 푸르키네 자신도 그처럼 우리 눈에 보이는 것들, 어쩌면 대수롭지 않게도 여겨지는 사소한 현상들에 기꺼이 마음을 기울였다.

[4] 푸르키네가 그의 이름을 딴 푸르키녜 현상을 발견한 것도 바로 그 때문이었다. 푸르키네 현상은 다음과 같다. 우리가 오래 달리다가 푸른 하늘이나 눈 덮인 들판 같은 밝고 하얀 표면을 바라보게 되면, 맥박과 함께 갑자기 나타나 사라지는 벌레처럼 보이는 발광점을 볼 수 있다. 독감에 걸렸을 때도 기침을 심하게 하거나 갑자기 앉았다 일어날 때 이러한 현상을 뚜렷하게 볼 수 있다. 푸르키녜는 이 현상을 볼 수 있는 가장 좋은 방법은 '머리를 숙인 채로 무거운 것을 들어 올리거나 격렬하게 점프를 하는 것'이라고 팁을 주었다. 그는 눈에서 맥박이 뛰면서 피가 보인다는 사실로 그 현상을 설명했고 '작은 혈구'에 대해서도 언급했다. 그는 또한 혈구에는 일종의 그림자가 있다는 것을 알아챔으로써 혈구가 실제로 존재한다는 것을 보여주었다.

[5] 우리가 보통 눈으로 볼 수 있는 것은 정맥으로 향하는 백혈구

밖에 없다고 한다. 푸른 하늘을 올려다볼 때 우리 눈 속의 적혈구는 푸른 빛을 흡수한다. 하지만 백혈구는 그 빛을 통과시키기 때문에 우리는 유별나게 밝은 흰색 점을 볼 수 있다. 이 흰색 점은 1센트 동전의 작은 점보다 훨씬 작다. 왜냐하면 혈구는 약 10μm의 직경을 가지고 있기 때문이다(마이크로미터는 1mm 1000분의 1이라는 사실을 기억하시라).

[6] 눈은 그 자체가 아주 작은 세계와 접촉하는 영역이며, 특별한 조건이 형성될 때 우리는 하나하나의 혈구와 그들의 움직임을 볼 수 있다. 이것은 또한 우리가 '외부에 있는 것'과 눈의 생명체를 동시에 볼 수 있는 매우 신기한 현상이다.

눈과 미시 세계: 체렌코프의 빛

실험 환경: 우주 공간

장비: 우주정거장, 우주왕복선

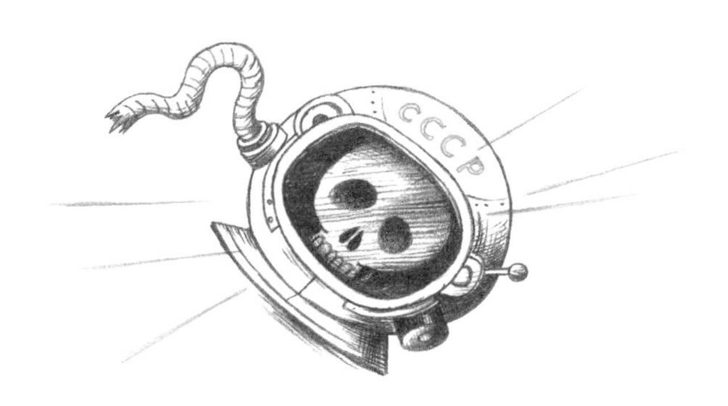

[1] 여기서 더 멀리 나아갈 수도 있다! 즉 우리는 맨눈으로 날아가는 원자 조각을 보다 정확하게 볼 수 있다. 하지만 이것은 아주 특별한 조건에서만 가능하다. 우주에는 지구에 도달하는 것보다 훨씬 더 많은 방사선이 존재하고 있다. 엄청난 고에너지 원자핵도 대량으로 날아다닌다. 이것들은 보통 지구 대기권에 부딪히는 즉시 흩어진다. 그러다 보니 이 입자들은 산봉우리처럼 높은 곳에서나 드물게 내려앉는다. 그러한 입자들은 물이나 물기가 많은 조직을 뚫고 돌진할 때, 체렌코프 효과 또는 체렌코프의 빛이라고 불리는 조명 효과

를 낼 수 있다고 러시아의 물리학자 파벨 체렌코프는 말한다.

[2] 1952년 초에 헝가리계 미국인 물리학자 코넬리우스 토비아스는 극도로 높은 에너지 광선과 아원자 입자들이 머리 위를 지나갈 때, 우주비행사들이 한 줄기 섬광을 볼 수 있으리라 예측했다. 실제로 1969년 7월 21일, 달에 착륙한 우주비행사 닐 암스트롱과 버즈 올드린은 이와 같은 경험을 보고하기도 했다. 그들은 이따금 번쩍이는 섬광을 보았는데, 특히 어두운 우주왕복선 안에서 줄무늬처럼 쏜살같이 눈앞을 지나가는 현상들이 때로는 너무 거슬려 잠을 이루지 못할 지경이었다고 한다. 그 후 지구상에서도 물리학자들이 이 현상에 대한 실험을 시작했다. 가령 젊은 과학자들은 입자 가속기의 빛 속에 머리를 넣고 상급 과학자들이 이를 금지할 때까지 섬광을 즐기기도 했다. 놀이 본능과 아이 같은 호기심은 우리를 아주 멀리 데려다주기도 한다.

[3] 이 현상은 현대에 와서도 우주여행을 통해 규칙적으로 관찰되고 있다. 국제 우주정거장(ISS, international space station)의 우주비행사들은 잠이 들기 전 종종 꽤 성가시게 느껴지는 빛 현상에 시달린다는 사실을 보고한다. 우주의 어떤 영역에는 아원자 입자가 다른 곳보다 더 많이 분포해 있다. 우주정거장이 지나가고 있는 위치에 따

라 체렌코프의 빛은 더 빈번하게 발생할 수도 있고 그렇지 않을 수도 있다. 하지만 이들은 하나같이 모두 위험하다. 우주비행사들은 우주정거장 내부에서 잠을 잘 수 있다는 것을 고마워해야 할 것이다. 만약 우주에서 야영해야 한다면 이들은 훨씬 더 많은 양의 고에너지와 해로운 입자에 노출될 것이다. 납으로 된 우주복만이 아원자 입자들로부터 어떻게든 우주비행사를 보호해주겠지만, 문제는 이 우주복이 우주 공간에서 적합하지 않다는 사실이다. 일단 우주정거장 안으로 무거운 납 우주복을 들여오는 것도 어려울 뿐 아니라, 입는다 하더라도 비행사의 움직임을 엄청나게 방해할 것이기 때문이다. 게다가 체렌코프 현상은 쏟아지는 아원자 입자 우박 중에서도 가장 해를 덜 끼치는 현상에 속한다. 그런데도 우리의 세포와 세포핵을 훼손할 수 있고, 그 결과 암을 유발할 수 있다. 우주에 오래 머물다 보면 눈이 침침해지는 것과 같은 질병도 더 쉽게 발생할 수 있다.

앞에서도 말했듯이 우주에는 모든 종류의 고속 원자핵들이 쉭쉭거리며 지나가고 있다. 다시 말해 주기율표 전체가 움직이고 있다고 볼 수 있다. 이들 대부분은 작고 가벼운데 수소와 헬륨 핵은 이 중에서도 단연코 가장 자주 등장하는 것들이다. 또 우주상에는 지구와는 달리 매우 두껍고 무거운 원소들, 쇠나 우라늄과 같은 중금속의 핵이 가속도가 붙어서 우주 공간을 날아다니므로 극도로 광폭한 효과를 불러일으킨다. 이들 입자들은 먼 우주에서 왔을 수도, 은하계 내부 혹은 다른 은하계에서 온 것일 수도 있다. 그 기원이 서로 다를지라도 이들은 모두 위험하다. 우주비행사들은 얇은 우주복으로 간신히 몸을 보호하거나 우주정거장의 외피로 입자를 차단하고 있는데, 모든 방사선을 막지는 못하고 일부만 차단할 뿐이다.

게다가 태양에서는 가끔 큰 폭발이 일어나면서, 우주 공간으로 엄청난 양의 방사선과 고에너지 입자들을 쏘아 보낸다. 따라서 우주정거장의 우주비행사들은 이에 대비하여 그와 같은 우주적 사건을 예측하는 것이 매우 중요하다. 만약 우주비행사가 태양이 폭발하는 동안 우주정거장 바깥에 있다면, 이들은 이전과 비교할 수 없는 대규모의 체렌코프 현상을 경험하겠지만 아마 살아남지는 못할 것이다. 2017년 9월에 마지막으로 태양에서 폭발이 일어났는데, 이때는 미리 국제 우주정거장에 경보가 발령되었다. 그리하여 우주비행사들은 지정된 대피소로 신속히 대피할 수 있었다. 당시 태양 폭발에 종종 영향을 받기도 하는 북극에서는 그 빛이 특히 장엄하게 퍼져나가기도 했다.

이러한 관점에서 환경 파괴로 인해 지구에서 사람이 살 수 없게 되면, 다른 행성으로 이주할 수 있다는 꿈은 상당히 비현실적이고 과장된 것이라 볼 수 있다. 화성도 우주에서 날아오는 입자로부터 보호해주는 일종의 대기권을 가지고 있지만, 그 대기층은 얇을 뿐 아니라 국제 우주정거장의 외피에 비하면 보호 기능도 훨씬 빈약하다. 우리의 고향인 지구의 자기장과 대기권만이 우주에서 오는 격렬한 입자 폭풍을 효과적으로 막아줄 수 있는 안전한 보호막이다. 이는 또한 핵물리학의 연구 결과이기도 하다. 이와 같은 사실은 지구가 얼마나 독특하고 소중한 공간인지를 다시 한번 우리에게 일깨워준다.

참고문헌

John Aitken: *On Dust, Fogs and Clouds*. In: Proceedings of the Royal Society of Edinburgh. 1880, Heft 1, S. 122~126.

John Aitken: *Collected Scientific Papers*. Edited for the Royal Society of Edinburgh by Cargill G. Knott. Cambridge: University Press 1923.

John Aitken: *The Remarkable Sunsets*. In: Proceedings of the Royal Society of Edinburgh. 1883~1884, S. 448-450, 647~660.

Edward N. da C. Andrade: The Structure of the Atom. London:

Bell 1927.

Craig F. Bohren: What Light Through Yonder Window Breaks? More Experiments in Atmospheric Physics. Mineola, N.Y.: Dover Publications 2006 (1st edition 1991).

Joseph Braunbeck: *Der strahlende Doppeladler. Nukleares aus Österreich-Ungarn*. Graz: Leykam 1996.

Michael Fry: *The Scottish Empire*. Edinburgh: Birlinn 2001.

Manfred Gläser: *Die Nebelkammer im experimentellen Unterricht*. Köln: Deubner 1976.

Peter Galison, Alexi Assmus: *Artificial Clouds, Real Particles*. In: David Gooding, The Uses of Experiment. Studies in the Natural Sciences. Cambridge: University Press 1989, S. 225~274.

Peter Galison: *Image and Logic. A Material Culture of Microphysics*. Chicago: The University of Chicago Press 1997.

Hans Geitel: Die Bestätigung der Atomlehre durch die Radioaktivität. Braunschweig: Vieweg 1913.

Wofgang Gentner, Heinz Maier-Leibnitz, Walther Bothe: *An Atlas of Typical Expansion Chamber Photographs*. London: Pergamon 1954.

E.C. Halliday: *Some Memories of Prof. C.T.R. Wilson, English Pioneer in Work on Thunderstorms and Lightning*. In: Bulletin of the American Meteorological Society 51 (1970), S. 1133~1135.

William T. Kilgour: *Twenty Years on Ben Nevis. Being a Brief Account of the Life, Work, and Experiences of the Observers at the Highest Meteorological Station in the British Isles*. Cambridge: University Press 1905.

Johannes Kühl: *Höfe, Regenbögen, Dämmerung. Die atmosphärischen Farben und Goethes Farbenlehre*. Stuttgart: Freies Geistesleben 2011.

Hubert Mania: *Kettenreaktion. Die Geschichte der Atombombe*. Reinbek: Rowohlt 2010.

Slobodan Perovic: *Missing Experimental Challenges to the Standard Model of Particle Physics*. In: Studies in History and Philosophy of Modern

Physics 42 (2011), S. 32~42.

Josef Podzimek: *John Aitken's Contribution to Atmospheric and Aerosol Sciences – One Hundred Years of Condensation Nuclei Counting*. In: Bulletin of the American Meteorological Society 70, No 12 (December 1989), S. 1538~1545.

Johann Purkinje: *Beiträge zur Kenntniß des Sehens in subjectiver Hinsicht*. Prag: Calve 1819.

Alfred de Quervain: *Aus der Wolkenwelt*. Zürich: Beer 1912. (Neujahrsblatt der Naturforschenden Gesellschaft in Zürich. 114. Stück.)

Gregor Schiemann: *Philosophie der Teilchenphysik*. In: BUW.OUTPUT. Forschungsmagazin der Bergischen Universität Wuppertal 17 (2017), S. 12~17.

Nicolas Rescher: *Scientific Progress*. Oxford: Blackwell 1978.

Marjory Roy: *The Weathermen of Ben Nevis, 1883~1904*. Fort William: Royal Meteorological Society 2004.

Jens Soentgen: *Eine Hands-on-Nebelkammer in 5 Minuten*. In: Praxis der Naturwissenschaften – Physik in der Schule 62 (2013), Heft 2, S. 46~48. Online unter: https://www.wzu.uni-augsburg.de/download/presse-13/Nebelkammer.pdf

Frederick Soddy: *Die Natur des Radiums*. Leipzig: Barth 1909.

Henrik Svensmark, Nigel Calder: *Sterne steuern unser Klima. Eine neue Theorie zur Erderwärmung*. Düsseldorf: Patmos 2008.

Tacitus: *Agricola*. Lateinisch/Deutsch. Übersetzt, erläutert und mit einem Nachwort hrsg. von Robert Feger. Stuttgart: Reclam 1980.

Chris Townsend: *Ben Nevis & Glen Coe*. London: Harper/Collins 2000.

William Charles Wells: *Versuch über den Thau und einige damit verbundene Erscheinungen*. Zürich: Geßnersche Buchhandlung 1821.

Andrew Wilson: *CTR Wilson: Reminiscences of a Grandson*. In: CTR Wilson: a Great Scottish Physicist. Conference of the Royal Society of Edinburgh. Reported by Sue Bowler. Online unter: https://www.rse.org.uk/cms/files/events/reports/2012~2013/CTRWilson_Conference.pdf (zuletzt aufgerufen am 3.5.2019).

Charles T.R. Wilson: *On a Method of Making Visible the Paths of Ionising Particles through a Gas*. In: Proceedings of the Royal Society 85 (1911), Issue 578, S. 285~288.

Charles T.R. Wilson: *On the Cloud Method of Making Visible Ions and the Tracks of Ionising Particles (1927)*. In: Nobel Lectures Including Presentation Speeches and Laureates' Biographies. Amsterdam: Elsevier 1965, S. 194~214. Online unter: https://www.nobelprize.org/uploads/2018/06/wilson-lecture.pdf (zuletzt aufgerufen am 3.5.2019).

Charles T.R. Wilson: *Reminiscences of My Early Years*. In: Notes and Records of the Royal Society of London 14 (1960), S. 163~173. Online unter: https://royalsocietypublishing.org/doi/pdf/10.1098/rsnr.1960.0029 (zuletzt aufgerufen am 3.5.2019).

Charles T.R. Wilson: *Ben Nevis Sixty Years Ago*. In: Weather 9 (1954), S. 309~311.

감사의 말

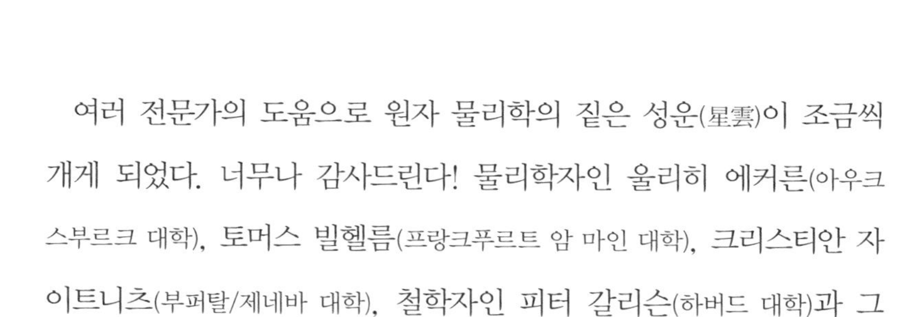

여러 전문가의 도움으로 원자 물리학의 짙은 성운(星雲)이 조금씩 개게 되었다. 너무나 감사드린다! 물리학자인 울리히 에커른(아우크스부르크 대학), 토머스 빌헬름(프랑크푸르트 암 마인 대학), 크리스티안 자이트니츠(부퍼탈/제네바 대학), 철학자인 피터 갈리슨(하버드 대학)과 그레고르 쉬만(부퍼탈 대학), 방사선 생물학자인 크리스틴 헬웨그(쾰른 대학)에게도 감사의 말을 전한다.

또한 내 원고를 모든 면에서 향상해준 훌륭한 편집자 구드룬 혼케에게 감사드린다. 또한 유튜브의 '일상의 주기율표' 시리즈를 통해 우리가 공개한 작은 실험 영화《세상에서 가장 작은 안개상자》를 만드는 데 도움을 준 아우크스부르크 대학교의 매체 연구실에 감사드리고, 특히 토니 비흘러와 레나 그리스해머에게 고마움을 전한다.

또한 이 프로젝트에서 상냥하고도 지혜로운 태도로 나를 지지해 준 안나에게 고마움을 표하고 싶다. 초고를 읽고 나서 그녀는 나에게 단 하나의 질문을 했는데, 매우 적절하고 본질적으로 맥을 짚는 질문이었다. 덕분에 나는 쓰던 원고를 다시 새롭게 시작할 수 있었다. 그리고 결과적으로 이는 책을 쓰는 데 큰 도움이 되었다! 안나가 없었다면 그 아이디어는 결코 이야기로 나오지 못했을 것이다.

이 책을 또한 나의 두 아이, 헨리크와 메틀레를 위해 바친다. 9월의 어느 날 저녁, 두 아이는 호수에서 스멀스멀 안개가 올라오는 것을 발견하고는 미친 듯 그쪽으로 달려갔다. 안개 속으로 들어간 두 아이의 모습을 볼 수는 없었지만, 서로의 이름을 부르며 웃고 떠드는 그 소리가 내 귓가에 또렷이 들려왔다…

원자의 세계를 발견한 찰스 윌슨 이야기
괴짜 과학자와 신비한 안개상자

1판 1쇄 찍은날 2020년 8월 10일
1판 3쇄 펴낸날 2021년 9월 24일

지은이 | 옌스 죈트겐
그린이 | 비탈리 콘스탄티노프
옮긴이 | 이덕임
펴낸이 | 정종호
펴낸곳 | 청어람미디어(청어람e)

책임편집 | 김상기
마케팅 | 이주은
제작·관리 | 정수진
인쇄·제본 | (주)에스제이피앤비

등록 | 1998년 12월 8일 제22-1469호
주소 | 03908 서울 마포구 월드컵북로 375, 402호
이메일 | chungaram_e@naver.com
전화 | 02-3143-4006~8
팩스 | 02-3143-4003

ISBN 979-11-5871-139-9 43400

잘못된 책은 구입하신 서점에서 바꾸어 드립니다.
값은 뒤표지에 있습니다.

청어람 e)) 는 미래세대와 함께하는 출판과 교육을 전문으로 하는 청어람미디어의 브랜드입니다.
어린이, 청소년 그리고 청년들이 현재를 돌보고 미래를 준비할 수 있도록 즐겁게 기획하고 실천합니다.